企业高技能人才职业培训系列教材

移动通信机务员

五级 四级 三级

移动通信基础设施

编审委员会

主　　任：仇朝东　马　明
副 主 任：赵申祥　徐震宇
委　　员：顾卫东　葛恒双　葛　玮　孙兴旺　刘汉成
　　　　　鲁　嵘　蔡春荣　刘东文　钱　芸
执行委员：孙兴旺　瞿伟洁　李　晔　夏　莹　孙　凯
　　　　　江亚勤　张叶晨

主　　编：孙　凯　宋铁民
副 主 编：钟志鲲　孙智强　周　菁
编　　者：毛飞磊　钟志鲲　刘　毅　方　鸣　方磊程
　　　　　张晓明
主　　审：高人俊　朱建群

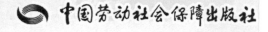

中国劳动社会保障出版社

U0344066

图书在版编目（CIP）数据

移动通信机务员：五级、四级、三级．移动通信基础设施／人力资源和社会保障部教材办公室等组织编写．—北京：中国劳动社会保障出版社，2014

企业高技能人才职业培训系列教材

ISBN 978 - 7 - 5167 - 1182 - 8

Ⅰ.①移… Ⅱ.①人… Ⅲ.①移动通信-邮电业务-职业培训-教材②移动通信-基础设施-职业培训-教材 Ⅳ.①F626.12②TN929.5

中国版本图书馆 CIP 数据核字（2014）第 121814 号

中国劳动社会保障出版社出版发行

（北京市惠新东街 1 号 邮政编码：100029）

*

北京市艺辉印刷有限公司印刷装订 新华书店经销

787 毫米×1092 毫米 16 开本 17 印张 288 千字

2014 年 6 月第 1 版 2014 年 6 月第 1 次印刷

定价：**39.00 元**

读者服务部电话：（010）64929211/64921644/84643933

发行部电话：（010）64961894

出版社网址：http://www.class.com.cn

内容简介

　　本教材由人力资源和社会保障部教材办公室、中国就业培训技术指导中心上海分中心、上海市职业技能鉴定中心、中国电信股份有限公司上海分公司依据移动通信机务员（五级　四级　三级）职业技能鉴定细目组织编写。教材从强化培养操作技能，掌握实用技术的角度出发，较好地体现了当前最新的实用知识与操作技术，对于提高从业人员基本素质，掌握移动通信机务员（五级　四级　三级）的核心知识与技能有直接的帮助和指导作用。

　　本教材既注重理论知识的掌握，又突出操作技能的培养，实现了培训教育与职业技能鉴定考核的有效对接，形成一套完整的移动通信机务员培训体系。本教材内容共分为3章，主要包括：基站承载网络技术、基站动力设备、仪器仪表使用。

　　本教材可作为移动通信机务员（五级　四级　三级）职业技能培训与鉴定考核教材，也可供本职业从业人员培训使用，全国中、高等职业技术院校相关专业师生也可以参考使用。

企业技能人才是我国人才队伍的重要组成部分，是推动经济社会发展的重要力量。加强企业技能人才队伍建设，是增强企业核心竞争力、推动产业转型升级和提升企业创新能力的内在要求，是加快经济发展方式转变、促进产业结构调整的有效手段，是劳动者实现素质就业、稳定就业、体面就业的重要途径，也是深入实施人才强国战略和科教兴国战略、建设人力资源强国的重要内容。

国务院办公厅在《关于加强企业技能人才队伍建设的意见》中指出，当前和今后一个时期，企业技能人才队伍建设的主要任务是：充分发挥企业主体作用，健全企业职工培训制度，完善企业技能人才培养、评价和激励的政策措施，建设技能精湛、素质优良、结构合理的企业技能人才队伍，在企业中初步形成初级、中级、高级技能劳动者队伍梯次发展和比例结构基本合理的格局，使技能人才规模、结构、素质更好地满足产业结构优化升级和企业发展需求。

高技能人才是企业技术工人队伍的核心骨干和优秀代表，在加快产业优化升级、推动技术创新和科技成果转化等方面具有不可替代的重要作用。为促进高技能人才培训、评价、使用、激励等各项工作的开展，上海市人力资源和社会保障局在推进企业高技能人才培训资源优化配置、完善高技能人才考核评价体系等方面做了积极的探索和尝试，积累了丰富而宝贵的经验。企业高技能人才培养的主要目标是三级（高级）、二级（技师）、一级（高级技师）等，考虑到企业高技能人才培养的实际情况，除一部分在岗培养并已达到高技能人才水平外，还有较大一批人员需要从基础技能水平培养起。为此，上海市将企业特有职业的五级（初级）、四级（中级）作为高技能人才培养的基础阶段一并列入企业高技能人才培养评价工作的总体框架内，以此进一步加大企业高技能人才培养工作力度，提高企业高技能人才培养效果，更好地实现高技能人才培养的总体目标。

为配合上海市企业高技能人才培养评价工作的开展，人力资源和社会保障部教材办公室、中国就业培训技术指导中心上海分中心、上海市职业技能鉴定中心联合组织有关行业和企业的专家与技术人员，共同编写了企业高技能人才职业培训系列教材。本教材是系列教材中的一种，由中国电信股份有限公司上海分公司负责具体编写工作。

企业高技能人才职业培训系列教材聘请上海市相关行业和企业的专家参与教材编审工作，以"能力本位"为指导思想，以先进性、实用性、适用性为编写原则，内容涵盖该职业的职业功能、工作内容的技能要求和专业知识要求，并结合企业生产和技能人才培养的实际需求，充分反映了当前从事职业活动所需要的核心知识与技能。教材可为全国其他省、市、自治区开展企业高技能人才培养工作，以及相关职业培训和鉴定考核提供借鉴或参考。

新教材的编写是一项探索性工作，由于时间紧迫，不足之处在所难免，欢迎各使用单位及个人对教材提出宝贵意见和建议，以便教材修订时补充更正。

企业高技能人才职业培训系列教材

编审委员会

第1章 基站承载网络技术

第 2 章　基站动力设备

第3章 仪器仪表使用

第1章

基站承载网络技术

学习目标

☑ 熟悉承载网络 SDH 技术的基本原理

☑ 掌握传输链路的性能指标和故障处理方法

☑ 掌握各种基站传输设备的性能、结构和工作原理

1.1　SDH 传输概述

1.1.1　SDH 产生的技术背景

SDH 是一种传输体制（协议），全称叫做同步数字传输体制，和 PDH——准同步数字传输体制一样，SDH 传输体制规范了数字信号的帧结构、复用方式、传输速率等级、接口码型等特性。

20 世纪 80 年代传统的由 PDH 传输体制组建的传输网，由于其数字信号速率、帧结构及光接口没有统一的世界性标准，低速数字信号复用至高速数字信号必须是逐级的，很难支持具有运行、管理和维护（OAM）功能的电信网和不断出现的各种新业务。由于 PDH 传输网的固有弱点，许多问题很难在原有的技术体制和技术框架内得到完美的解决。其复用的方式很明显不能满足信号大容量传输的要求，PDH 体制的地区性规范也使网络互连增加了难度，因此随着通信网向大容量、标准化发展，PDH 的传输体制越来越成为现代通信网的瓶颈，促使电信网的经营者投资研制传输网的新技术体制——SDH。

传统的 PDH 传输体制的缺陷体现在以下几个方面：

1．接口

（1）只有地区性的电接口规范，不存在世界性标准。现有的 PDH 数字信号序列有 3 种信号速率等级：欧洲系列、北美系列和日本系列。各种信号系列的电接口速率等级、信号的帧结构以及复用方式均不相同，这种局面造成了国际互通的困难，不适应当前随时随地便捷通信的发展趋势。3 种信号系列的电接口速率等级如图 1—1 所示。

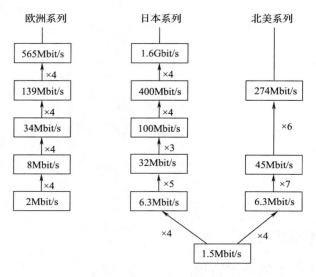

图 1—1　电接口速率等级图

（2）没有世界性标准的光接口规范。为了完成设备对光路上的传输性能的监控，各厂家各自采用自行开发的线路码型。典型的例子是 mBnB 码。其中 mB 为信息码，nB 是冗余码，冗余码的作用是实现设备对线路传输性能的监控功能。由于冗余码的接入使同一速率等级上光接口的信号速率大于电接口的标准信号速率，不仅增加了发光器的光功率代价，而且由于各厂家在进行线路编码时，为完成不同的线路监控功能，在信息码后加上不同的冗余码，导致不同厂家同一速率等级的光接口码型和速率也不一样，致使不同厂家的设备无法实现横向兼容。因此在同一传输线路两端必须采用同一厂家的设备，给组网、管理及网络互通带来困难。

2. 复用方式

现在的 PDH 体制中，只有 1.5 Mbit/s 和 2 Mbit/s 速率的信号（包括日本系列 6.3 Mbit/s 速率的信号）是同步的，其他速率的信号都是异步的，需要通过码速的调整来匹配和容纳时钟的差异。由于 PDH 采用异步复用方式，就导致当低速信号复用到高速信号时，其在高速信号帧结构中的位置缺乏规律性和固定性。也就是说在高速信号中不能确认低速信号的位置，而这一点正是能否从高速信号中直接分/插出低速信号的关键所在。正如在一群人中寻找一个没见过的人时，若这一群人排成整齐的队列，那么只要知道所要找的人站在这堆人中的第几排和第几列，就可以将他找出来；若这一群人杂乱无章地站在一起，若要找到想找的人，就只能一个一个地按照片去寻找了。

既然 PDH 采用异步复用方式，那么从 PDH 的高速信号中就不能直接分/插出低速信号，例如：不能从 140 Mbit/s 的信号中直接分/插出 2 Mbit/s 的信号。这就会引起两个问题：

第一，从高速信号中分/插出低速信号要一级一级地进行。例如从 140 Mbit/s 的信号中分/插出 2 Mbit/s 低速信号要经过如下过程，如图 1—2 所示。

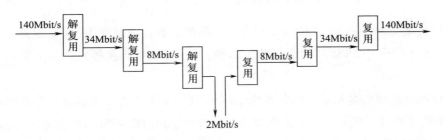

图 1—2 从 140 Mbit/s 信号分/插出 2 Mbit/s 信号示意图

从图中可以看出，在将 140 Mbit/s 信号分/插出 2 Mbit/s 信号过程中，使用了大量的"背靠背"设备。通过三级解复用设备从 140 Mbit/s 的信号中分出 2 Mbit/s 低速信号；再通过三级复用设备将 2 Mbit/s 的低速信号复用到 140 Mbit/s 信号中。一个 140 Mbit/s 信号可复用进 64 个 2 Mbit/s 信号，但是若仅需要从 140 Mbit/s 信号中上下一个 2 Mbit/s 的信号，则也需要全套的三级复用和解复用设备。这样不仅增加了设备的体积、成本、功耗，还增加了设备的复杂性，降低了设备的可靠性。

第二，由于低速信号分/插到高速信号要通过层层的复用和解复用过程，这样就会使信号在复用/解复用过程中产生的损伤加大，使传输性能劣化，在大容量传输时，这种缺点是不能容忍的。这也就是为什么 PDH 体制传输信号的速率没有更进一步提高的原因。

3．运行维护

PDH 信号的帧结构里用于运行维护工作（OAM）的字节开销不多，这也就是为什么在设备进行光路上的线路编码时，要通过增加冗余编码来完成线路性能监控功能。由于 PDH 信号运行维护工作的字节开销少，因此对完成传输网的分层管理、性能监控、业务的实时调度、传输带宽的控制、告警的分析定位等工作是很不利的。

4．没有统一的网管接口

由于没有统一的网管接口，这就使得如果要买一套某厂家的设备，就需买一套该厂家的网管系统。容易形成网络七国八制的局面，不利于形成统一的电信管理网。

以上这些缺陷使 PDH 传输体制越来越不适应传输网的发展，于是美国贝尔通信研究所首先提出了用一整套分等级的标准数字传递结构组成的同步网络（SONET）体制。国际电报电话咨询委员会（CCITT）于 1988 年接受了 SONET 概念，并重命名为同步数字体系（SDH），使其成为不仅适用于光纤传输，也适用于微波和卫星传输的通用技术体制。

1.1.2　SDH 与 PDH 相比的优势

SDH 传输体制是由 PDH 传输体制进化而来的，因此它具有 PDH 体制无可比拟的优点，它是不同于 PDH 体制的全新传输体制，与 PDH 相比在技术体制上进行了根本的变革。

SDH 概念的核心是从统一的国家电信网和国际互通的高度来组建数字通信网，是综合业务数字网（ISDN），特别是宽带综合业务数字网（B – ISDN）的重要组成部分。按 SDH 组建的网络是一个高度统一的、标准化的、智能化的网络。它采用全球统一的接口以实现设备多厂家环境的兼容，在全程全网范围实现高效的协调一致的管理和操作，实现灵活的组网与业务调度，实现网络自愈功能，提高网络资源利用率。并且由于维护功能的加强大大降低了设备的运行维护费用。

SDH 所具有的优点体现在以下几方面：

1.　接口

（1）电接口。接口的规范化与否是决定不同厂家的设备能否互联的关键。SDH 体制对网络节点接口（NNI）做了统一的规范。规范的内容包含数字信号速率等级、帧结构、复接方法、线路接口、监控管理等。这就使 SDH 设备很容易实现多厂家互联，也就是说在同一传输线路上可以安装不同厂家的设备，体现了横向兼容性。

SDH 体制有一套标准的信息结构等级，即有一套标准的速率等级。基本的信号传输结构等级是同步传输模块——STM – 1，相应的速率是 155 Mbit/s。高等级的数字信号系列例如 622 Mbit/s（STM – 4）、2.5 Gbit/s（STM – 16）等，是通过将低速率等级的信息模块（例如 STM – 1）通过字节间插同步复接而成，复接的个数是 4 的倍数，例如：STM – 4 = 4 × STM – 1，STM – 16 = 4 × STM – 4。

（2）光接口。线路接口（这里指光口）采用世界性统一标准规范，SDH 信号的线路编码仅对信号进行扰码，不再进行冗余码的插入。

扰码的标准是世界统一的，这样端设备仅需通过标准的解码器就可与不同厂家

SDH 设备进行光口互联。扰码的目的是抑制线路码中的长连"0"和长连"1"，便于从线路信号中提取时钟信号。由于线路信号仅通过扰码，所以 SDH 的线路信号速率与 SDH 电口标准信号速率相一致，这样就不会增加发端激光器的光功率代价。

2. 复用方式

由于低速 SDH 信号是以字节间插方式复用进高速 SDH 信号的帧结构中的，这样就使低速 SDH 信号在高速 SDH 信号的帧中的位置是固定的、有规律的，也就是说是可预见的。这样就能从高速 SDH 信号［如 2.5 Gbit/s（STM – 16）］中直接分/插出低速 SDH 信号［如 155 Mbit/s（STM – 1）］，从而简化了信号的复接和分接，使 SDH 体制特别适合于高速大容量的光纤通信系统。

另外，由于采用了同步复用方式和灵活的映射结构，可将 PDH 低速支路信号（如 2 Mbit/s）复用进 SDH 信号的帧中去（STM – N），这样使低速支路信号在 STM – N 帧中的位置也是可预见的，于是可以从 STM – N 信号中直接分/插出低速支路信号。注意此处不同于前面所说的从高速 SDH 信号中直接分/插出低速 SDH 信号，此处是指从 SDH 信号中直接分/插出低速支路信号，例如 2 Mbit/s、34 Mbit/s 与 140 Mbit/s 等低速信号。于是节省了大量的复接/分接设备（背靠背设备），增加了可靠性，减少了信号损伤、设备成本、功耗、复杂性等，使业务的上、下更加简便。

SDH 的这种复用方式使数字交叉连接（DXC）功能更易于实现，使网络具有了很强的自愈功能，便于用户按需动态组网，实现灵活的业务调配。

3. 运行维护

SDH 信号的帧结构中安排了丰富的用于运行维护（OAM）功能的开销字节，使网络的监控功能大大加强，也就是说维护的自动化程度大大加强。PDH 的信号中开销字节不多，以至于在对线路进行性能监控时，还要通过在线路编码时加入冗余比特来完成。以 PCM30/32 信号为例，其帧结构中仅有 TS0 时隙和 TS16 时隙中的比特是用于 OAM 功能。

SDH 信号丰富的开销占用整个帧所有比特的 1/20，大大加强了 OAM 功能。这样就使系统的维护费用大大降低，而在通信设备的综合成本中，维护费用占相当大的一部分，于是 SDH 系统的综合成本要比 PDH 系统的综合成本低，据估算仅为 PDH 系统的 65.8%。

4. 兼容性

SDH 有很强的兼容性，这也就意味着当组建 SDH 传输网时，原有的 PDH 传输网不会作废，两种传输网可以共同存在。也就是说可以用 SDH 网传送 PDH 业务，另外，异步转移模式的信号（ATM）、FDDI 信号等其他体制的信号也可用 SDH 网来传输。

SDH 网中用 SDH 信号的基本传输模块（STM－1）可以容纳 PDH 的三个数字信号系列和其他的各种体制的数字信号系列——ATM、FDDI、DQDB 等，从而体现了 SDH 的前向兼容性和后向兼容性，确保了 PDH 向 SDH 及 SDH 向 ATM 的顺利过渡。SDH 容纳各种体制信号的方法是：SDH 把各种体制的低速信号在网络边界处（如：SDH/PDH 起点）复用进 STM－1 信号的帧结构中，在网络边界处（终点）再将它们拆分出来即可，这样就可以在 SDH 传输网上传输各种体制的数字信号了。

1.1.3　SDH 网络的常见网元

SDH 传输网是由不同类型的网元通过光缆线路的连接组成的，通过不同的网元完成 SDH 网的传送功能：上/下业务、交叉连接业务、网络故障自愈等。

SDH 网中常见网元的特点和基本功能如下：

1．TM——终端复用器

终端复用器用在网络的终端站点上，例如一条链的两个端点上，它是一个双端口器件，如图 1—3 所示。

它的作用是将支路端口的低速信号复用到线路端口的高速信号 STM－N 中，或从 STM－N 的信号中分出低速支路信号。请注意它的线

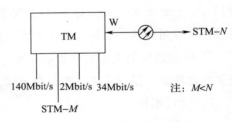

图 1—3　TM 模型

路端口输入/输出一路 STM－N 信号，而支路端口却可以输出/输入多路低速支路信号。在将低速支路信号复用进 STM－N 帧（将低速信号复用到线路）上时，有一个交叉的功能，例如：可将支路的一个 STM－1 信号复用进线路上的 STM－16 信号中的任意位置上，也就是指复用在 1～16 个 STM－1 的任意一个位置上。将支路的 2 Mbit/s 信号可复用到一个 STM－1 中 63 个 VC12 的任意一个位置上去。对于华为设备，TM 的线路端口（光口）一般以西向端口默认表示。

2．ADM——分/插复用器

分/插复用器用于 SDH 传输网络的转接站点处，例如链的中间结点或环上结点，是 SDH 网上使用最多、最重要的一种网元，它是一个三端口的器件，如图 1—4 所示。

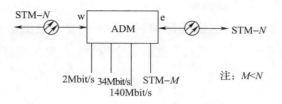

图 1—4 ADM 模型

ADM 有两个线路端口和一个支路端口。两个线路端口各接一侧的光缆（每侧收/发共两根光纤），为了描述方便，通常将其分为西（W）向、东向（E）两个线路端口。ADM 的作用是将低速支路信号交叉复用进东或西向线路上去，或从东或西向线路端口接收的线路信号中拆分出低速支路信号。另外，还可将东或西向线路的 STM－N 信号进行交叉连接，例如将东向 STM－16 中的 3#STM－1 与西向 STM－16 中的 15#STM－1 相连接。

ADM 是 SDH 最重要的一种网元，通过它可等效成其他网元，即能完成其他网元的功能，例如：一个 ADM 可等效成两个 TM。

3. REG——再生中继器

光传输网的再生中继器有两种，一种是纯光的再生中继器，主要进行光功率放大以延长光传输距离；另一种是用于脉冲再生整形的电再生中继器，主要通过光/电变换、电信号抽样、判决、再生整形、电/光变换，以达到不积累线路噪声，保证线路上传送信号波形的完好性。本书主要介绍的是后一种再生中继器，REG 是双端口器件，只有两个线路端口——w、e，如图 1—5 所示。

图 1—5 电再生中继器

它的作用是将 w/e 侧的光信号经 O/E、抽样、判决、再生整形、E/O 在 e 或 w 侧发出。需要注意的是，REG 与 ADM 相比仅少了支路端口，所以 ADM 若本地不上/下话路（支路不上/下信号）时完全可以等效成一个 REG。

真正的 REG 只需处理 STM－N 帧中的 RSOH，且不需要交叉连接功能（w—e 直通即可），而 ADM 和 TM 因为要完成将低速支路信号分/插到 STM－N 中，所以不仅要处理 RSOH，而且还要处理 MSOH；另外 ADM 和 TM 都具有交叉复用能力（有交叉连接功能），因此用 ADM 来等效 REG 有点大材小用。

4．DXC——数字交叉连接设备

数字交叉连接设备完成的主要是 STM - N 信号的交叉连接功能，它是一个多端口器件，它实际上相当于一个交叉矩阵，完成各个信号间的交叉连接，如图1—6 所示。

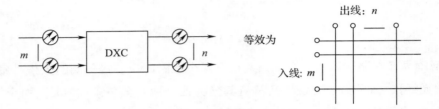

图1—6　DXC 功能图

DXC 可将输入的 m 路 STM - N 信号交叉连接到输出的 n 路 STM - N 信号上，图1—6 表示有 m 条入光纤和 n 条出光纤。DXC 的核心是交叉连接，功能强的 DXC 能完成高速（如 STM -16）信号在交叉矩阵内的低级别交叉（如 VC12 级别的交叉）。

通常用 DXCm/n 来表示一个 DXC 的类型和性能（注 $m \geqslant n$），m 表示可接入 DXC 的最高速率等级，n 表示在交叉矩阵中能够进行交叉连接的最低速率级别。m 越大表示 DXC 的承载容量越大；n 越小表示 DXC 的交叉灵活性越大。m 和 n 的相应取值含义见表1—1。

表1—1　　　　　　　　　　　DXCm/n 取值含义对应表

m 或 n	0	1	2	3	4	5	6
速率	64 kbit/s	2 Mbit/s	8 Mbit/s	34 Mbit/s	140 Mbit/s 155 Mbit/s	622 Mbit/s	2.5 Gbit/s

1.1.4　SDH 传送网的结构

1．SDH 网络的拓扑结构

所谓拓扑结构，是指网络节点和传输线路的几何连接所构成的各种图形。

SDH 网的拓扑结构大致可以分为 5 种，即线形、星形、树形、环形和网格形，如图1—7 所示。其中环形网是 SDH 传送网最具特色的网络结构，在 SDH 传送网中应用极为广泛。因为它不仅节点配置简单，而且具有自愈能力使网络具有很强的生存性。

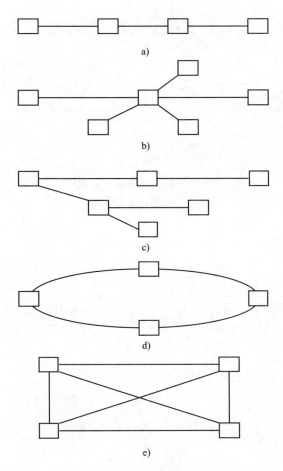

图 1—7　SDH 传送网的拓扑结构类型

a）线形　b）星形　c）树形　d）环形　e）网格形

2．SDH 传送网的目标结构

同 PDH 相比 SDH 具有巨大的优越性，但这种优越性只有在组成 SDH 网时才能完全发挥出来。

传统的组网概念中，提高传输设备利用率是第一位的，为了增加线路的占空系数，在每个节点都建立了许多直接通道，致使网络结构非常复杂。而现代通信的发展，最重要的任务是简化网络结构，建立强大的 OAM 功能，降低传输费用并支持新业务的发展。

我国的 SDH 网络结构分为 4 个层面，如图 1—8 所示。

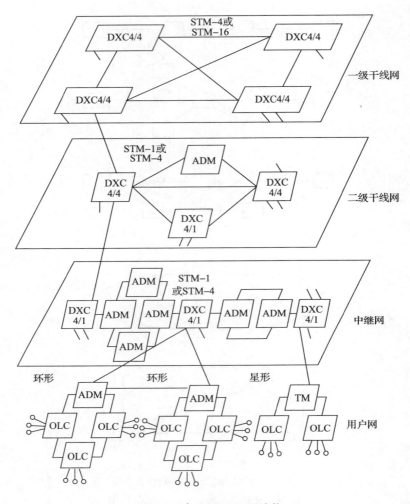

图 1—8　我国 SDH 网络结构

　　最高层面为长途一级干线网，主要省会城市及业务量较大的汇接节点城市装有 DXC4/4，其间由高速光纤链路 STM－4/STM－16 组成，形成了一个大容量、高可靠性的网格形国家骨干网结构，并辅以少量线形网。由于 DXC4/4 也具有 PDH 体系的 140 Mbit/s 接口，因此原有 PDH 的 140 Mbit/s 和 565 Mbit/s 系统也能纳入由 DXC4/4 统一管理的长途一级干线网中。

　　第二层面为二级干线网，主要汇接节点装有 DXC4/4 或 DXC4/1，其间由 STM－1/STM－4 组成，形成省内网格形式环形骨干网结构并辅以少量线形网结构。由于 DXC4/1 有 2 Mbit/s、34 Mbit/s 或 140 Mbit/s 接口，因此原来 PDH 系统也能纳入统一管理的二级干线网，并具有灵活调度电路的能力。

第三层面为中继网（即长途端局与市局之间以及市话局之间的部分），可以按区域划分为若干个环，由 ADM 组成速率为 STM −1/STM −4 的自愈环，也可以是路由备用方式的两节点环。这些环具有很高的生存性，又具有业务量疏导功能。环形网中主要采用复用段倒换环方式，但究竟是四纤还是二纤取决于业务量和经济的比较。环间由 DXC4/1 沟通，完成业务量疏导和其他管理功能。同时也可以作为长途网与中继网之间以及中继网和用户网之间的网关或接口，最后还可以作为 PDH 与 SDH 之间的网关。

最低层面为用户接入网。由于处于网络的边界处，业务容量要求低，且大部分业务量汇集于一个节点（端局）上，因而通道倒换环和星形网都十分适合于该应用环境，所需设备除 ADM 外还有光用户环路载波系统（OLC）。速率为 STM −1/STM −4，接口可以为 STM −1 光/电接口、PDH 体系的 2 Mbit/s、34 Mbit/s 或 140 Mbit/s 接口、普通电话用户接口、小交换机接口、2B +D 或 30B +D 接口以及城域网接口等。

用户接入网是 SDH 网中最庞大、最复杂的部分，它占整个通信网投资的 50% 以上，用户网的光纤化是一个逐步的过程。光纤到路边（FTTC）、光纤到大楼（FTTB）、光纤到家庭（FTTH）就是这个过程的不同阶段。目前在我国推广光纤用户接入网时必须要考虑采用一体化的 SDH/CATV 网，不但要开通电信业务，而且还要提供 CATV 服务，这比较适合我国国情。

1.1.5 SDH 传送网的保护

为了提高业务传送的可靠性，SDH 传送网提供了一整套保护策略。

保护与恢复是不一样的。保护只能利用预先安排的备用容量，保护一定的主用容量，备用资源无法在网络大范围内共享。而恢复则可以利用任何备用容量来恢复业务，即备用资源可以在网络大范围内共享。但网络的恢复需要更复杂的技术。

SDH 传送网的保护可以分为两大类：路径保护与子网连接保护。

1. 路径保护

路径保护包括线路系统保护与环网保护（又分复用段与通道保护环）。

（1）线路系统的复用段保护（MSP）。线路系统的复用段保护一般有两种方式："1 +1 保护"和"1: N 保护"。

1）所谓 1 +1 复用段保护，是指 STM −N 信号永久性地被桥接在工作段和保护段上，在接收端可收到两个 STM −N 信号，从中选择更合适的 STM −N 信号作为主用。

2）所谓 1: N 复用段保护，是指 N（N =1 ~14）个工作通路共用一个保护通路，在接收端通过监视接收信号来决定是否用保护信号来取代某个工作通路的信号。

（2）环网保护。环网保护分为复用段保护环与通道保护环。

1）复用段保护环。是否进行保护倒换要根据每一节点间的复用段信号质量的优劣来决定。复用段环可以分为二纤双向复用段环、四纤双向复用段环等。

2）通道保护环。是否进行保护倒换要根据通道信号质量的优劣来决定。通道保护环一般采用 1 +1 保护方式。通道保护环最常用的是二纤单向通道保护环。

2．子网连接保护（SNCP）

所谓子网连接保护，是指对某一子网连接预先安排专用的保护路由。一旦子网发生故障，专用保护路由便取代子网承担在整个网络中的传送任务，如图1—9 所示。

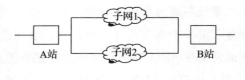

图1—9　子网连接保护

1.2　传输性能

1.2.1　误码性能

误码是指经接收、判决、再生后，数字码流中的某些比特发生了差错，使传输的信息质量产生损伤。

1．误码的分类

误码可以说是传输系统的一大危害，轻则使系统稳定性下降，重则导致传输中断（10^{-3}以上）。从网络性能角度出发可将误码分成两大类。

（1）内部机理产生的误码。系统的此种误码包括由各种噪声源产生的误码，定位抖动产生的误码，复用器、交叉连接设备和交换机产生的误码，以及由光纤色散产生的码间干扰引起的误码，此类误码会由系统长时间的误码性能反映出来。

（2）脉冲干扰产生的误码。由突发脉冲诸如电磁干扰、设备故障、电源瞬态干扰等原因产生的误码。此类误码具有突发性和大量性，往往系统在突然间出现大量误码，可通过系统的短期误码性能反映出来。

2．误码性能的度量

传统的误码性能的度量（G. 821）是度量64 kbit/s 的通道在 27 500 km 全程端到端连接的数字参考电路的误码性能，是以比特的错误情况为基础的。由于传输网的传输速率越来越高，以比特为单位衡量系统的误码性能产生了局限性。

目前高比特率通道的误码性能是以块为单位进行度量的（B1、B2、B3 监测的均是误码块），由此产生出的是以"块"为基础的参数。这些参数的含义如下：

（1）误块。当块中的比特发生传输差错时称此块为误块。

（2）误块秒（ES）和误块秒比（ESR）。当某一秒中发现 1 个或多个误块时称该秒为误块秒。在规定测量时间段内出现的误块秒总数与总的可用时间的比值称为误块秒比。

（3）严重误块秒（SES）和严重误块秒比（SESR）。某一秒内包含有不少于 30% 的误块或者至少出现一个严重扰动期（SDP）时认为该秒为严重误块秒。其中严重扰动期指在测量时，在最小等效于 4 个连续块时间或者 1 ms 时间段（取二者中较长时间段）内所有连续块的误码率大于或等于 10^{-2} 或者出现信号丢失。在测量时间段内出现的 SES 总数与总的可用时间之比称为严重误块秒比。严重误块秒一般是由于脉冲干扰产生的突发误块，所以 SESR 往往反映出设备抗干扰的能力。

（4）背景误块（BBE）和背景误块比（BBER）。扣除不可用时间和 SES 期间出现的误块后的其余误块称为背景误块。BBE 数与在一段测量时间内扣除不可用时间和 SES 期间内所有块数后的总块数之比称为背景误块比。若这段测量时间较长，那么 BBER 往往反映的是设备内部产生的误码情况，与设备采用器件的性能稳定性有关。

3. 改善误码或减少误码的策略

（1）内部误码的减少。改善收信机的信噪比是降低系统内部误码的主要途径。另外，适当选择发送机的消光比，改善接收机的均衡特性，减少定位抖动都有助于改善内部误码性能。在再生段的平均误码率在 10^{-14} 数量级以下时，可认为传输处于"无误码"运行状态。

（2）外部干扰误码的减少。基本对策是加强所有设备的抗电磁干扰和静电放电能力，例如加强接地。此外在系统设计规划时留有充足的冗度也是一种简单可行的对策。

1.2.2　可用性参数

可用性是 SDH 通信系统性能的一个重要指标，需要衡量网络实际运行状况和维护状况，估算系统是否达到可用性要求，并在维护和管理中提高可用性。在 SDH 系统中通过各个组成部分如复用段、通道、业务对可用性进行分别统计，设备机盘、光线路、SDH 保护倒换失效、设备断电等故障引起的传输中断都直接影响系统的可用性，因此可用性直接关系到业务的服务质量。可用性参数主要包括不可用时间、可用时间和可用性。

1．不可用时间

传输系统的任意一个传输方向的数字信号连续 10 s 内每秒的误码率均劣于 10^{-3}，则从这 10 s 的第 1 秒起就认为进入了不可用时间。

2．可用时间

当数字信号连续 10 s 内每秒的误码率均优于 10^{-3}，那么从这 10 s 的第 1 秒起就认为进入了可用时间。

3．可用性

可用时间占总时间的百分比称为可用性。

1.2.3 抖动漂移性能

抖动和漂移与系统的定时特性有关。定时抖动（抖动）是指数字信号的特定时刻（例如最佳抽样时刻）相对其理想时间位置的短时间偏离。所谓短时间偏离是指变化频率高于 10 Hz 的相位变化。而漂移指数字信号的特定时刻相对其理想时间位置的长时间偏离，所谓长时间是指变化频率低于 10 Hz 的相位变化。

抖动和漂移会使接收端出现信号溢出或取空，从而导致信号滑动损伤。

1．度量抖动性能的参数

SDH 网中常见的度量抖动性能的参数如下：

（1）输入抖动容限。输入抖动容限分为 PDH 输入口（支路口）的和 STM－N 输入口（线路口）的两种输入抖动容限。对于 PDH 输入口则是在使设备不产生误码的情况下，该输入口所能承受的最大输入抖动值。由于 PDH 网和 SDH 网的长期共存，使传输网中有 SDH 网元上 PDH 业务的需要，要满足这个需求该 SDH 网元的支路输入口，必须能包容 PDH 支路信号的最大抖动，即该支路口的抖动容限能承受得了所上 PDH 信号的抖动。

线路口（STM－N）输入抖动容限定义为能使光设备产生 1 dB 光功率代价的正弦峰—峰抖动值。这个参数是用来规范当 SDH 网元互联传输 STM－N 信号时，本级网元的输入抖动容限应能包容上级网元产生的输出抖动。

（2）输出抖动容限。与输入抖动容限类似，也分为 PDH 支路口和 STM－N 线路口。定义为在设备输入无抖动的情况下，由端口输出的最大抖动。

SDH 设备的 PDH 支路端口的输出抖动应保证在 SDH 网元下 PDH 业务时，所输出的抖动能使接收此 PDH 信号的设备承受。STM－N 线路端口的输出抖动应保证接收此

STM－N信号的SDH网元能承受。

（3）映射和结合抖动。在PDH/SDH网络边界处由于指针调整和映射会产生SDH的特有抖动，为了规范这种抖动采用映射抖动和结合抖动来描述这种抖动情况。

映射抖动是指在SDH设备的PDH支路端口处输入不同频偏的PDH信号，在STM－N信号未发生指针调整时，设备的PDH支路端口处输出PDH支路信号的最大抖动。

结合抖动是指在SDH设备线路端口处输入符合G.783规范的指针测试序列信号，此时SDH设备发生指针调整，适当改变输入信号频偏，这时设备的PDH支路端口处输出信号测得的最大抖动。

（4）抖动转移函数——抖动转移特性。在此处是规范设备输出STM－N信号的抖动对输入的STM－N信号抖动的抑制能力（即抖动增益），以控制线路系统的抖动积累，防止系统抖动迅速累积。

抖动转移函数定义为设备输出的STM－N信号的抖动与设备输入的STM－N信号的抖动的比值随频率的变化关系，此频率指抖动的频率。

2. 抖动减少策略

减少抖动有以下策略：

（1）线路系统的抖动减少。线路系统抖动是SDH网的主要抖动源，设法减少线路系统产生的抖动是保证整个网络性能的关键之一。减少线路系统抖动的基本对策是减少单个再生器的抖动（输出抖动）、控制抖动转移特性（加大输出信号对输入信号的抖动抑制能力）、改善抖动积累的方式（采用扰码器，使传输信息随机化，各个再生器产生的系统抖动分量相关性减弱，改善抖动积累特性）。

（2）PDH支路口输出抖动的减少。由于SDH采用的指针调整可能会引起很大的相位跃变（因为指针调整是以字节为单位的）和伴随产生的抖动和漂移，因此需在SDH/PDH网边界处支路口采用解同步器来减少其抖动和漂移幅度，解同步器有缓存和平滑相位作用。

1.3 常见故障处理方法与案例

1.3.1 设备保养及维护注意事项

对设备及配套环境的定期巡检和保养是减少设备故障隐患，保证基站业务运行畅通的重要工作。在巡检和保养过程中，应注意以下几个方面：

1. 设备接地一定要良好，要和机架及无线设备共地，并测量电阻值。

2. 接触单盘要带防静电手环，并保证防静电手环良好接地，不要触摸单盘电路板层，不使用时要保存在防静电袋内。

3. 风扇和防尘网要定期清洁，使设备能正常散热，设备周围应没有堆放的杂物影响设备通风。

4. 光纤及线缆分开整理，走线要整齐；对应的标签要完整。

5. 光纤弯曲半径不小于60 mm。光连接器不能污染（不论光接口板和尾纤是否在使用，光纤接口一定要用光帽盖住）。

6. 光纤头和光接口板激光器光纤接口必须使用棉签蘸无水酒精进行清洁。

1.3.2 故障定位的原则

1. 故障分析原则

故障处理时首先要根据设备的告警进行判断，通过对告警事件、性能事件、业务流向的分析，初步判断故障点范围；并用环回、替换、测试等方法进行故障定位。传输部分故障分析一般遵循以下原则：

（1）先外部，后传输。如接地、光纤、中继线、BTS、电源问题等对于光路的终端告警，先要通过网管确定故障段落。对于发生保护倒换的系统，应在确定是线路故障或设备故障后再通知维修。如果同一段落多个系统同时阻断，或两端现场人员测试线路光功率不正常时，可判断为线路故障。对于2M端口告警，可通过软件环回和硬件环回配合测试判断故障段落。

（2）先单站，后单盘。一般综合网管分析和环回操作，可将故障定位至单站。再通过网管采用更改配置、配置数据分析、单板替换、逐段环回、测试等方法将故障定位至单板。

（3）先线路，后支路。根据告警信号流分析，支路板的某些告警常随线路板故障产生，应先解决线路板故障。

（4）先高级，后低级。在故障发生时，要结合网络应用情况分清主次，如复用段远端失效告警可能属于低等级告警，但相对于无业务的2M口的LOS来说，仍应优先处理。

2. 故障处理要点

根据故障定位原则，在故障处理时应做如下操作：检查光纤、电缆是否接错，光路和网管是否正常，以排除设备外的故障；检查各站点的业务是否正常，以排除配置错误的可能性；通过告警性能分析故障的可能原因；通过逐段环回来进行故障的区段分析，将故障最终定位到单站；通过单站自环测试来定位可能的故障盘；通过更换单盘来定位故障盘。

1.3.3　故障处理方法

1.　电源板 PWR 灯不亮

首先检查设备电源线是否已经连接，电源开关是否打到 ON 上。其次用万用表测试空开输入电压是否正常。最后可能为设备的电源模块故障，更换设备后再重新进行测试。

2.　SDH 光口有 LOS 告警

这表明，SDH 光口接收信号丢失。首先，检查光纤是否连接好，并且都为单模光纤。其次用光功率计测试设备的发光和收光功率，发光功率应该在 -8 dBm 左右，收光功率应该在 $-30 \sim -8$ dBm。最后可能为设备故障，更换设备。

3.　E1 线路不通

首先检查 E1 线缆是否插好，收发是否接反。其次检查 E1 线缆是否焊接正常，是否存在虚焊等问题，可以通过在网管上打 E1 的内环或外环进行测试。最后可能为设备的 E1 接口故障，更换设备再进行测试。

1.3.4　故障案例分析

1.　光缆中有一段多模光纤导致有大量误码

（1）故障分析。设备间歇性的上报复用段误码过量告警，初步判断为光路损耗过大。

（2）处理过程。用光功率计测试设备的收发光功率为 -25 dBm 左右，属于正常范围，设备的收发光功率一切正常。局端光口打环，远端 SDH 光端机挂表测试有大量的误码，怀疑光缆有问题，检查后发现在电信光纤进入基站机房内跳接了一段多模光缆。更换光缆类型为单模光纤后，业务正常。

（3）原理分析。单模光信号在多模光纤中传输，会出现多种模式传输，即产生模式色散，虽然光功率可以达到单模设备的接收要求，但是模式色散导致设备出现大量的误码，甚至业务中断。

2.　法兰盘损坏导致业务中断

（1）故障分析。光端机有光口 LOS 告警，用光功率计测试光路为 -40 dBm，测试局端 SDH 光口板卡的发光功率为 -8 dBm 左右，判断为光路问题。

（2）处理过程。用光功率计进行收发光对测，发现光缆损耗为 10 dB 左右，光缆损耗正常，测试光纤跳线损耗为 1~2 dB，正常。测试 ODF 架上的法兰盘，损耗为 20 dB 左右，判断为法兰盘的故障，更换一个法兰盘后业务恢复。

3. 空开故障导致 SDH 设备不上电

（1）故障分析。设备不上电，一般为电源接线问题或设备电源模块故障。

（2）处理过程。小型 SDH 设备接 −48 V 电源后，设备无法正常开机，PWR 灯不亮；用交流电源线连接设备和市电后，发现设备可以正常工作，怀疑设备的直流电源模块故障，更换一台设备后，发现故障依旧，遂怀疑为外部供电问题，用万用表测量从空开上输出的电压，空开输入电压为 −48 V，输出电压为 0 V，判断为机架上的空开故障。

（3）问题总结。遇到远端 SDH 设备不上电，一般的故障处理方法为更换设备，很少测试外部的电源输入电压。建议在进行故障处理的时候，工具备齐，测试仪器仪表备好，处理思路为，先外部后内部；先测试外部光路、电源、E1 线缆等，然后再定位设备。

1.3.5 传输仪表的使用

1. 光功率计

光功率计用来测量光信号强度，其示意图如图 1—10 所示。光功率计测试方法如下：

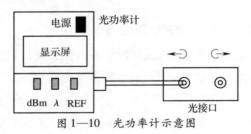

图 1—10 光功率计示意图

（1）按光功率计上的"λ"按钮，选择 1 310 nm，按"dBm"按钮屏幕上出现 dBm。

（2）将原接 ODF 处的尾纤取下连接至光功率计，等待光功率稳定后，读出测试值。测试值一般在 −25 ~ −10 dBm。

2. 2M 误码仪

2M 误码仪用来测试 2M 电路误码特性，如图 1—11 所示接好误码仪，其测试方法如下：先选定一条业务通道两端的传输槽路，然后在一端做内环回，在另外一端挂误码仪测试误码。

图1—11　误码测试配置

2M 误码仪的指示灯含义：

SINGAL：绿色代表收到 2M 信号，红色代表没有收到 2M 信号。

CRC −4：绿色代表收到 CRC −4 信号，红色代表没有收到 CRC −4 信号。

BIT：红色代表收到比特误码。

ERROR：红色代表收到比特、滑码、帧误码。

RUN：绿色代表正在测试。

SYNC：绿色代表与接收到的测试码型同步，红色代表未能同步。

AIS：红色代表收到全"1"信号。

CODE：红色代表收到误码。

1.4　华为 Metro1000 传输设备

1.4.1　总体结构

OptiX 155/622H 采用盒式集成设计，可以单独使用，也可以集成在 220 V 机箱中使用。机盒外形尺寸为：436 mm（长）×293 mm（宽）×86 mm（高）。外观如图 1—12 所示。

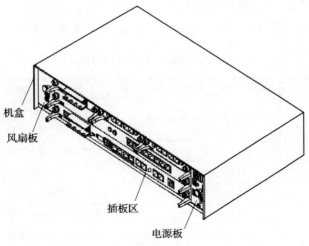

图1—12　OptiX 155/622H 设备外观

1.4.2 前面板说明

前面板包括开关和指示灯两个部分。

前面板有一个黑色的"ALMCUT"开关，用于切除告警声。当发生紧急或主要告警时，设备会发出告警声音，同时面板上对应的告警指示灯会闪烁。此时将告警切除开关由"ALMON"拨到"ALMCUT"的位置即可切除告警声。

注意当告警声切除开关处于"ALMCUT"位置时，设备的告警声音就会彻底关闭，即使以后再发生新告警，设备也不会发出告警声音。设备正常运行时，特别是排除告警后，要求将设备的告警切除开关置于"ALMON"，以保证设备再发生故障时能正常进行告警。

如图1—13所示，OptiX 155/622H前面板的右侧有5个指示灯，用于指示设备的运行状态和告警。指示灯状态含义说明见表1—2。

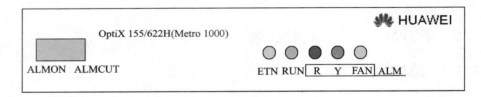

图1—13 OptiX 155/622H前面板示意图

ALMCUT：告警切除开关　　　　　R：紧急告警灯

ETN：以太网灯　　　　　　　　　Y：主要告警灯

RUN：运行灯　　　　　　　　　FAN：风扇告警灯

表1—2　　　　　　　　　　OptiX 155/622H指示灯状态含义

指示灯名称	指示灯状态	含义
ETN – 以太网灯（黄色）	灭	以太网线未连接
	亮，不闪烁	以太网线保持连接，无数据传输
	闪烁	以太网线保持连接，有数据传输
RUN – 运行灯（绿色）	每2 s闪烁1次	设备正常工作状态
	每4 s闪烁1次	数据库保护模式：单板和主控单元通信中断
	每1 s闪烁5次	程序启动/加载：单板处于未开工状态
	每1 s闪烁约2次	擦除主机软件
	每1 s闪烁1次	未加载主机软件

续表

指示灯名称	指示灯状态	含义
RALM – 紧急告警灯	亮	出现紧急告警
（红色）	灭	无紧急告警
YALM – 主要告警灯	亮	出现主要告警和次要告警
（黄色）	灭	无主要告警和次要告警
FANALM – 风扇告警灯	亮	风扇板上至少一个风扇工作不正常
（黄色）	灭	风扇正常工作

1.4.3　背面板说明

背面板由电源滤波板、风扇板、防尘网和插板区构成。

OptiX 155/622H 可以配置 –48 V 电源滤波板和 +24 V 电源滤波板两种类型。电源滤波板 POI/POU 位于 OptiX 155/622H 设备的右侧。

如图 1—14 所示，电源滤波板的面板上有两路电源输入接口，可同时接入两路 –48 V 或两路 +24 V 电源，两路电源互为备份。电源输入接口的右下侧有一个接地端子，用来接入电源线的 PGND 端。

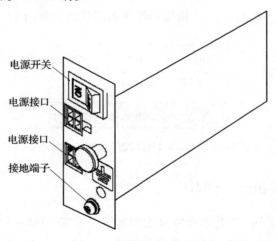

图 1—14　OptiX 155/622H 电源滤波板面板示意图

OptiX 155/622H 风扇板用来散热，防尘网用来防尘。风扇板和防尘网位置分布如图 1—15 所示。当风扇告警指示灯亮，或有风扇告警（FAN_FAIL）上报网管时，说明至少有一个风扇运行不正常，需检查风扇板。另外，请定期清理防尘网，建议每 2 周清理 1 次。

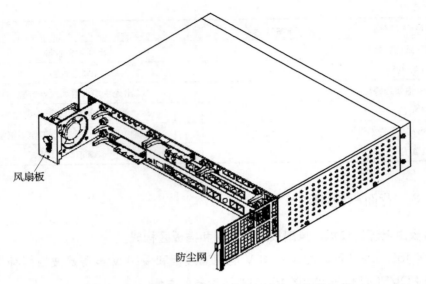

风扇板

防尘网

图1—15 OptiX 155/622H 风扇板及防尘网位置分布

OptiX 155/622H 插板区用来插放各种业务单板。设备在插板区共有5个槽位，各槽位分布如图1—16所示。除了SCB槽位固定插SCB板外，IU1～IU4槽位均可以插放业务接口板。需要注意的是，IU槽位的拉手条高度均为24 mm。

IU3	IU2	IU1
IU4		
SCB槽位		

图1—16 OptiX 155/622H 插板区槽位分布

1.4.4 SDH单板——OI2D

OI2D单板实现STM-1光信号的接收和发送，完成STM-1信号的光电转换、开销字节的提取和插入处理以及线路上各告警信号的产生。OI2D是2路STM-1光接口板。

1. 工作原理和信号流

OI2D单板由光电转换模块、帧同步和扰码处理模块、开销处理模块、逻辑控制模块和电源模块组成。其内部信号处理如图1—17所示。

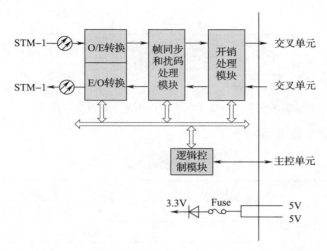

图 1—17 OptiX 155/622H OI2D 单板内部主要模块及信号流

（1）接收方向。光/电转换模块将接收到的 STM–1 光信号转换成 STM–1 电信号，同时恢复出时钟信号。把时钟信号和 STM–1 电信号送到帧同步和扰码处理模块。在光/电转换模块检测 R_LOS 告警信号。帧同步和扰码处理模块对收到的 STM–1 电信号进行解扰码，并将其转换成并行信号，送往开销处理模块。R_LOF、R_OOF 告警信号在该模块检测。开销处理模块对接收到的 STM–1 信号进行开销字节的提取，并将其解复用为 1 路 VC–4 信号。

（2）发送方向。来自交叉单元的 1 路 VC–4 信号，在开销处理模块被复用为 STM–1 信号，并插入开销字节后被送到帧同步和扰码处理模块。在帧同步和扰码处理模块中将收到的 STM–1 电信号进行并/串变换，并对其进行扰码后送往电/光转换模块。电/光转换模块将收到的 STM–1 电信号转换成 STM–1 光信号，并将其送往光纤进行传输。

（3）辅助模块

1）逻辑控制模块。该模块产生单板需要的定时时钟和帧头信息；完成激光器自动关断功能；实现公务和 ECC 字节在组成 ADM 的两块光接口板之间穿通。

2）电源模块。为单板的所有模块提供所需的直流电源。

2．面板说明

如图 1—18 所示，OI2D 单板的面板上有单板指示灯、接口、条形码和激光安全等级标签。

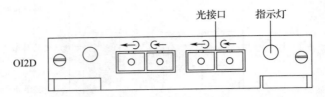

图 1—18　OptiX 155/622H OI2D 单板面板示意图

指示灯状态含义见表 1—3：

表 1—3　　　　　　　　　　　指示灯状态含义

指示灯	状态	含义
LOS（红色）	灭	单板接收光信号正常
	亮	单板没有接收到光信号或光功率过高

1.4.5　PDH 单板——PD2D

1．功能和特性

PD2D 板实现 E1 电信号的接收和发送，完成 VC -12 通道开销的处理以及支路上各告警信号的产生。PD2D 是 32 路 E1 电接口板。

2．工作原理和信号流

PD2D 单板由接口模块、编/解码模块、映射/解映射模块、逻辑控制模块和电源模块构成。其内部信号处理如图 1—19 所示。

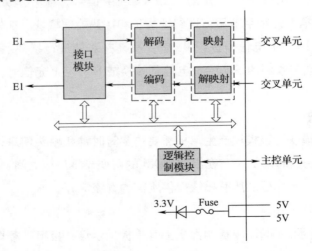

图 1—19　OptiX 155/622H PD2D 单板内部主要模块及信号流

（1）接收方向。输入的 E1 信号经过接口模块进入解码器，在解码器中经过解码处理后，恢复出 HDB3 码型的数据信号及时钟信号，送给映射模块。在映射模块中将送来的 E1 信号异步映射到 C −12，经过通道开销处理后形成 VC −12，经指针处理形成 TU −12，再通过复用形成 VC −4 信号，送给交叉单元。

（2）发送方向。由交叉单元来的 VC −4 信号在解映射模块中经过解映射处理，提取出二进制数据和时钟信号送给编码器。在编码器中进行编码处理，最后经接口模块输出 E1。

（3）辅助模块

1）逻辑控制模块。完成单板与 SCB 板的通信。将单板信息和告警、性能上报给 SCB 板，接收由 SCB 板下发的配置命令。

2）电源模块。为单板的所有模块提供所需的直流电源。

3．面板说明

如图 1—20 所示，PD2D 板的 E1 电接口在面板上，为 2 mm HM 型连接器（4 × 6 pin），连接器上的数字表示接口的序号。

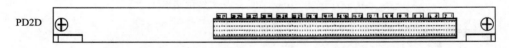

图 1—20　OptiX 155/622H PD2D 单板面板示意图

1.5　阿尔卡特朗讯传输设备

1.5.1　阿尔卡特 1642EMC 传输设备

1．设备介绍

上海贝尔阿尔卡特 1642 EMC 紧凑型光多业务节点系统是一个工作在 155 Mbit/s 的、适用于接入及客户层的 MSTP（多业务传送平台）设备。它隶属于 ASB 的 OMSN 产品系列。该产品可以提供多种速率的 SDH、PDH 及数据接口，可以以多线路 TM（Multi −Line TM）和多方向 ADM（Multi −ADM）等方式工作，提供 SNCP 线路保护。1642EMC 采用 1U 盒式紧凑型结构，外观尺寸 440 mm（宽）×44 mm（高）× 260 mm（深），可选择提供 DC48 V、DC24 V 或 AC220 V 供电并可提供双电源冗余保护，如图 1—21 和图 1—22 所示。

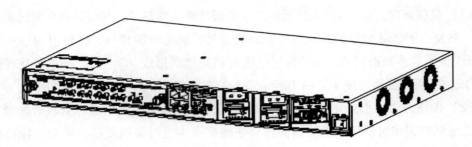

图1—21 1642EMC 设备外观示意图

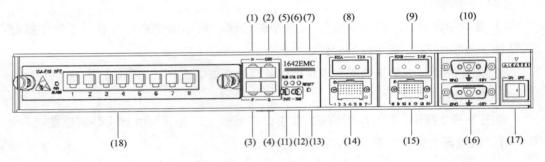

图1—22 1642EMC 设备槽位示意图

2．产品性能

（1）线路接口。集成 2 x STM –1 光接口。

（2）用户端接口（最大接入量）

1）32/28/8 x 2 Mbps。

2）8 x 2 Mbps retiming。

3）1 x 34/45 Mbps。

4）1 x STM –1。

5）8/3 x E/FE。

（3）交叉能力。4x4 等效 STM –1（低阶）。

（4）网络保护。SNCP 子网连接保护、1 +1 MSP 复用段保护。

（5）满足最新的 ITU –T/ETSI 关于 SDH 设备的各项标准

1）可以对所有 VC 实现通道开销监测和处理。

2）可以实现所有 VC 的通道踪迹字节的监测。

（6）性能管理符合 G.826、G.821 和 G.784 建议。

（7）时钟同步

1）内部振荡（自由振荡模式下） +/ -4. 6 ppm。

2）频率漂移（保持模式下） +/ -0. 37 ppm/天。

3）外时钟源。STM - N ports，1x2M port（8x2M retiming board），1x2 Mbps。

4）提供一路 2 Mbit/s 外时钟输出。

5）采用时钟同步算法（SSM）。

（8）在所有 SDH 和 PDH 口均支持线路和系统环回。

（9）可以支持本地和远程软件下载。

（10）可以支持远端查询单盘及系统版本信息。

1.5.2　朗讯 Metropolis AMS

1．产品描述

Metropolis AMS 是非常紧凑并且经济有效的 STM - 1 复用器，它是特别为从局内到接入局的低容量的 STM - 1 链路设计的，可提供包括 LAN 以太网在内的多种接口。Metropolis AMS 安装简单，由直流或交流电源供电。可以被配置成 TM、ADM，可以实现点到点、线形、星形、环形等多种应用，支持多种保护方式。其外观如图 1—23 所示。

图 1—23　Metropolis AMS 外观

Metropolis AMS 非常适合为中小商业用户提供各种业务。在接入网中，Metropolis AMS 可以实现光纤到商业（FTTB）的应用。它既可采用环形也可采用星形配置。在需要高性能并具有可靠的通信网络的企业网应用中，Metropolis AMS 可提供经济有效的解决方案。其他的应用还包括在校园网和广域网中的 LAN 间业务。Metropolis AMS 还可用于接入网中的局间应用，如数字用户线路或移动网络。

图 1—24　Metropolis AMS
STM - 1 光模块

2．群路接口

Metropolis AMS 可按以下任一种方式配备。

Metropolis AMS 提供了两个 STM - 1 光线路插槽，可以采用不同类型的可插拔光模块 SFP，如图 1—24 所

示。类型可以是任意组合的 1 310 nm/1 550 nm 光接口，符合 ITU – T 标准 G. 957
S1. 1/L1. 1/L1. 2。

Metropolis AMS STM –1 光接口参数指标见表 1—4。Metropolis AMS 支持线路的
子网连接保护和 1 +1 的 MSP 保护。

表 1—4 　　　　　　　　　Metropolis AMS STM –1 光接口参数指标

参数	S1. 1	L1. 1	L1. 2
工作波长（nm）	1 310	1 310	1 550
比特率（kbit/s）	155 520	155 520	155 520
最大发光功率（dBm）	– 8	0	0
最小发光功率（dBm）	– 15	– 5	– 5
最大允许色散（ps/nm）	185	246	NA
衰耗范围（dB）	0 ~ 12	10 ~ 28	10 ~ 28
光通道代价（dB）	小于 1	小于 1	小于 1
最小接收灵敏度（dBm）	– 28	– 34	– 34
最大过载光功率（dBm）	– 8	– 10	– 10

最新的版本还支持 1 310 nm/1 490 nm 上下行的单纤双向光模块。

3．支路接口

Metropolis AMS 设备上直接集成了 16 个 2 Mbit/s 支路接口（G. 703）。每个
2 Mbit/s 信号都被异步映射至一个可编程的 VC –12。这些接口完全符合有关的 ETSI
标准和 ITU 建议。可以配置成 75 ohm 或 120 ohm 不同阻抗。

4．映射特性

Metropolis AMS 可实现如下映射特性：

VC4 –TUG3 –TUG2 –TU12 –VC12 –E1

VC4 –TUG3 –TU3 –VC3 –E3

VC4 –TUG3 –TU3 –VC3 –DS3

可将以太网业务映射到 1 至 5/63 个 VC—12 或 1 至 2/3 个 VC—3，采用的是标准
的 GFP 封装。

5．其他接口

Metropolis AMS 还可以提供一些外部接口如：

（1）1 ×F 接口。通过它用户可以用便携维护终端（CIT）对 Metropolis AMS 进行

本地维护操作。

（2）1×Q–LAN 接口。通过它用户可以接入网络管理系统，对整个传输子网进行维护管理操作。

（3）1×2 048 kHz 同步输出接口。可输出时钟信号供用户设备使用（如交换机、基站设备等）。

（4）4×输入和 4×输出接口。用于杂项环境信号的接口（可用于接入外部环境的状态信息，如火警、开门闯入等）。

6．机械设计

Metropolis AMS 占用空间极小，既可安装于街头箱或用户局房内（ETSI 或 19 in 机架），也可采用墙面安装。

（1）其外部尺寸体积为：70 mm（高）×447.6 mm（宽）×204.2 mm（深）。

（2）质量：小于 5 kg。

（3）Metropolis AMS 可提供交流或直流两种型号供电

1）直流。提供两路 –48 V 输入，在单路中断情况下仍然能够正常工作。

2）交流。提供一路 220 V 输入。

（4）功耗：25 W（包括携带任意选项卡时）。

1.6　正有 DF240 和 DF480 小光端机设备

1.6.1　DF240S 设备说明

1．主要特点

（1）采用大规模 ASIC 芯片，具有功耗低、可靠性高的特点。

（2）提供 8 个 E1 接口。

（3）指示灯可显示本端及对端告警状态。

（4）根据用户需要提供 1 路公务电话，不选则没有公务功能。

（5）提供双光口热备份，当群路上有 E–3 告警时，则自动切换到另外一个备用光口上。

（6）远端掉电告警功能。当远端出现掉电告警的时候，电源指示灯变为红色，当远端重新启电时，电源指示灯自动变回绿色。

（7）供电方式可选择直流 –48 V、直流 ±24 V 或交流 220 V，或者双电源配置

（直流 -48 V 和交流 220 V）。

2. 外形尺寸

外形尺寸为 482 mm（长）×165 mm（宽）×44 mm（高），如图 1—25 所示。

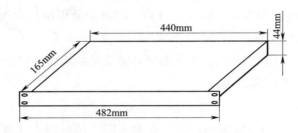

图 1—25 ZYEQ - DF240S 外形图

3. 供电条件

（1）供电电压。直流 -48 V，容差范围 -72 ~ -36 V；或交流 220 V，容差范围 180 ~260 V。特殊情况下可选配：-24 V，容差范围 -36 ~ -18 V；+24 V，容差范围 18 ~36 V。

（2）供电电源纹波。小于等于 240 mVp - p。

（3）功耗。小于等于 12 W。

4. 工作环境

（1）环境温度。0 ~40℃。

（2）相对湿度。小于等于 90%（35℃时）。

5. 前面板说明

ZYEQ - DF240S 前面板如图 1—26 所示，主要部件说明如下：

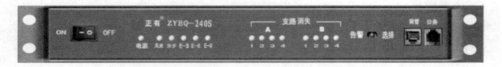

图 1—26 ZYEQ - DF240S 前面板示意图

（1）电源工作开关。ON 为开，OFF 为关。打开开关，电源指示灯亮，显示为绿色。

（2）告警指示灯

1）电源。绿灯亮，表示电源工作正常；红灯亮，表示远端光端机掉电告警。

2）群路指示灯。

3）无光。当 A 光口收到信号时，绿灯亮；当 B 光口收到信号时，红灯亮；当两个光口同时收到信号时，灯灭；当两个光口都没有收到信号时，灯为粉红色。

4）失步。当收信号失步，告警灯亮，显示为红色。

5）E-6。当传输误码大于 1×10^{-6} 时，灯亮，显示为红色。

6）E-9。当传输误码大于 1×10^{-9} 时，灯亮，显示为红色。

7）1~8/10。支路 1~8/10 输入无信号告警，当未屏蔽的支路 1~8 输入无信号时灯亮，显示为红色；正常则灭。

（3）告警选择开关

1）拨至"锁存"。E1 通道监控锁定。

2）拨至"本端"。指示灯指示本端告警状态。

3）拨至"远端"。指示灯指示远端告警状态。

（4）切铃开关

1）拨至"通"。出现告警时，蜂鸣器响。

2）拨至"切"。发生任何告警时，蜂鸣器都不响。

6. 后面板说明

ZYEQ-DF240S 后面板如图 1—27 所示，主要接口说明如下：

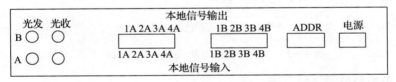

图 1—27　ZYEQ-DF240S 后面板示意图

（1）E1 接口。ZYEQ-DF240S 采用 DB37 插座，接口阻抗为 75 Ω/120 Ω，具体外部接口细节见图 1—27。共采用两个 DB37 插座，每一个 DB37 插座有 4 个 E1 口，接口阻抗为 75 Ω 时配同轴适配器，适配器出线方式如图 1—28 所示。

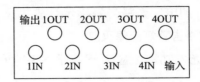

图 1—28　ZYEQ-DF240S 75 Ω 时配同轴适配器出线图

（2）电源接口。本设备可提供直流 -48 V、+24 V、-24 V 或交流 220 V 供电方式。其接线方式分别如图 1—29、图 1—30 和图 1—31 所示。

1) 直流 –48 V 接线方式

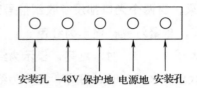

安装孔 –48V 保护地 电源地 安装孔

图 1—29 ZYEQ – DF240S 直流 – 48 V 接线配置

2) 直流 +24 V 接线方式

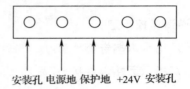

安装孔 电源地 保护地 +24V 安装孔

图 1—30 ZYEQ – DF240S 直流 + 24 V 接线配置

3) 直流 –24 V 接线方式

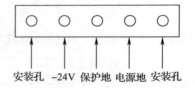

安装孔 –24V 保护地 电源地 安装孔

图 1—31 ZYEQ – DF240S 直流 – 24 V 接线配置

注：保护地与电源地分开接。

4) 交流 220 V 接线方式。标准 220 V 接线方式，用随机所配电源线连接。

7. 整机安装

（1）根据实际情况按要求接好电源。工作地不得与高压防护线接地，工作地与保护地分别接到大地。

（2）光口用光纤自环，加电，光路告警指示灯应熄灭，用 E1 误码仪测试 E1 通道，应无误码，并且相应支路告警灯应熄灭。

（3）用光功率计测试光发功率，应大于等于 – 12 dBm，光收功率应大于等于 – 33 dBm。

（4）按实际连好光纤，与远端对通。加电，光路告警指示灯应熄灭，用 E1 误码仪测试 E1 通道，让远端环回，应无误码，并且相应支路告警灯应熄灭。

（5）根据实际要求连好2M线、辅助通道连线。加电，安装完毕。

8．告警与维修

当产生告警要检修时，可将切铃开关拨至"切"位置，断开声音告警，再进行维修。

（1）光消失告警。检查本端与远端光纤插头是否接好。

（2）帧失步、E－6、E－9告警。检查本端与远端光纤插头是否接好，光纤插头是否有污物。测量光收功率，光收功率应大于等于－33 dBm。

（3）E1 口告警。用 2M 短连线将有问题的 2M 自环，2M 指示灯不灭，检查 2M 灯及 2M 的收或发；2M 指示灯灭，检查 2M 线及远端连接。

1.6.2　DF480S 设备说明

1．主要特点

（1）采用超大规模 FPGA 芯片，具有功耗低、可靠性高的特点。

（2）提供 16 个 E1 接口。

（3）指示灯可显示本端及对端告警状态。

（4）可提供本地或远程网管接口。

（5）提供 1 路公务电话，便于站间勤务联络。

（6）供电方式可选择直流 －48 V，或交流 220 V。

2．外形尺寸

外形尺寸为 482 mm（长）×210 mm（宽）×44 mm（高），如图 1—32 所示。

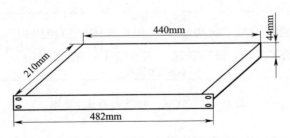

图 1—32　ZYEQ－480S 外形图

3．前面板说明

ZYEQ－480S 前面板如图 1—33 所示，主要部件说明如下：

（1）电源工作开关。ON 为开，OFF 为关。打开开关，电源指示灯亮。

（2）告警指示灯

1）电源。灯亮，表示电源工作正常。

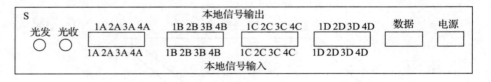

图 1—33 ZYEQ–480S 前面板示意图

2）群路指示灯。

3）无光。当收光功率 < –33 dBm 时，告警灯亮。

4）失步。当收信号失步，告警灯亮。

5）E –6。当传输误码大于 1×10^{-6}，灯亮。

6）E –9。当传输误码大于 1×10^{-9}，灯亮。

7）支路消失。分为 4 组，每组 4 个指示灯，共 16 个指示灯，分别代表 16 个 2M 支路端口告警指示，当对应的 2M 支路输入无信号时灯亮。

（3）告警选择开关。拨至"本端"，指示灯指示本端告警；拨至"远端"，指示灯指示远端告警。

（4）切铃开关。拨至"通"，出现群路告警时，蜂鸣器响；拨至"切"，发生任何告警时，蜂鸣器都不响。

4. 后面板说明

ZYEQ –480S 后面板如图 1—34 所示，主要接口说明如下：

```
S
光发 光收    1A 2A 3A 4A    1B 2B 3B 4B    1C 2C 3C 4C    1D 2D 3D 4D    数据    电源
 ○   ○      [         ]    [         ]    [         ]    [         ]   [    ]  [    ]
            1A 2A 3A 4A    1B 2B 3B 4B    1C 2C 3C 4C    1D 2D 3D 4D
                                  本地信号输入
```

图 1—34 ZYEQ –480S 后面板示意图

（1）E1 接口。共采用 4 个 DB37 插座，每一个 DB37 插座有 4 个 E1 口，接口阻抗为 75 Ω 时配同轴适配器，适配器出线方式如图 1—35 所示。

（2）电源接口。本设备可提供直流 –48 V、+24 V、–24 V 或交流 220 V 供电方式，其常用直流 –48 V 接线方式如图 1—36 所示。

1）直流 –48 V 接线方式。保护地与电源地分开接。

2）交流 220 V 接线方式。标准 220 V 接线方式，用随机所配电源线连接。

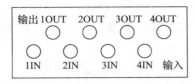

图 1—35　ZYEQ—480S 75 Ω 时配同
轴适配器出线图

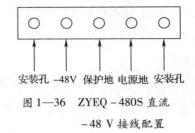

图 1—36　ZYEQ—480S 直流
—48 V 接线配置

5．整机安装

（1）固定好机器。

（2）根据实际情况按要求接好电源。工作地不得与高压防护线接地，工作地与保护地分别接到大地。

（3）光口用尾纤自环，加电，群路指示灯应熄灭，用 E1 误码仪测试 E1 通道，应无误码，并且相应支路告警灯应熄灭。

（4）用光功率计测试接收远端的光收功率，应大于等于 −33 dBm。

（5）按实际连好光纤，与远端对通。加电，群路指示灯应熄灭，用 E1 误码仪测试 E1 通道，远端环回，应无误码，并且相应支路告警灯应熄灭。

（6）根据实际要求连好 2M 线、转换模块连线和辅助通道连线。加电，安装完毕。

6．告警与维修

本机有收光告警及声音告警，当产生告警要检修时，应将切铃开关拨至"切"位置，断开声音告警。

（1）无光告警。检查本端与远端光纤插头是否接好。

（2）失步、E −6、E −9 告警。检查本端与远端光纤插头是否接好，光纤插头是否有污物。测量光收功率，光收功率应大于等于 −33 dBm。

（3）E1 口告警。用 2M 短连线将有问题的 2M 自环，2M 指示灯不灭，检查 2M 灯及 2M 的收或发；2M 指示灯灭，检查 2M 线及远端连接设备。

1.7　格林威尔 E6080 −16E1 小光端机设备

1.7.1　产品描述

MSAP −E6080 −16E1 设备是格林威尔科技发展有限公司推出的新一代基于 SDH 的传输/接入设备，针对大用户接入进行了优化设计，提供多种业务的接入和传输。

E6080 - 16E1 设备依据 G. 783 建议所定义的功能模块进行设计，提供 SDH 设备所具有的对业务完备的监视、接入、保护、网络管理功能，以及 MSTP 设备要求的以太网接入功能。

作为简洁型 MSTP 设备，E6080 - 16E1 设备提供了两个 STM - 1 上联接口，4 ~16 个 E1 接口，2 ~4 路以太网接口，产品外观如图 1—37 所示。

图 1—37　MSAP - E6080 - 16E1 实物图

1.7.2　面板主要部件说明

格林威尔 E6080 - 16E1 根据电源接口不同分为 220 V 和 -48 V 两种设备，其面板布局分别如图 1—38、图 1—39 所示。

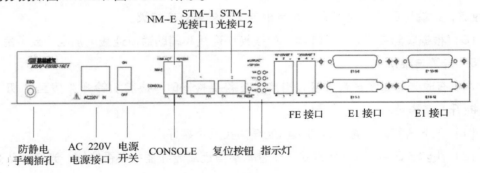

图 1—38　E6080 - 16E1 - 220 V 面板示意图

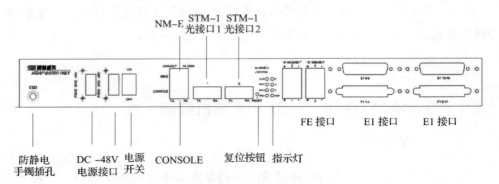

图 1—39　E6080 - 16E1 - -48 V 面板示意图

1. E6080－16E1 设备运行指示灯

E6080－16E1 面板设备运行指示灯如图 1—40 所示，共有 8 个指示灯，说明如下：

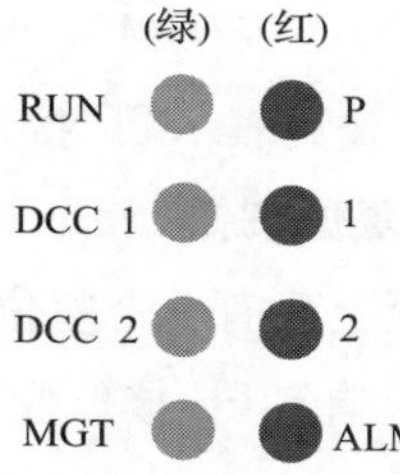

（1）RUN（运行指示灯）。绿色指示灯，设备上电运转正常时规则闪亮。

（2）P（保护指示灯）。红色指示灯，P 灯亮起时表示 CPU 正在存储数据，此时不能断电或者复位 CPU。

（3）ALM1（Fiber1）。红色指示灯，红灯亮起表示第 1 个 STM－1 接口有告警。

(绿)		(红)	
RUN	●	●	P
DCC 1	●	●	1
DCC 2	●	●	2
MGT	●	●	ALM

图 1—40　E6080－16E1 面板
指示灯示意图

（4）ALM2（Fiber2）。红色指示灯，红灯亮起表示第 2 个 STM－1 接口有告警。

（5）ALM（总告警灯）。红色指示灯，红灯亮起表示设备存在告警。

（6）DCC1。绿色指示灯，DCC 通道 1 有数据收发时不规则闪亮。

（7）DCC2。绿色指示灯，DCC 通道 2 有数据收发时不规则闪亮。

（8）MGT。绿色指示灯，网管成功登录后长亮。

2. 以太网网管接口（NM－E）

用来连接网管计算机管理设备。NM－E 有接口指示灯，含义如下：

（1）LINK/ACT（NM－E 接口连接状态和数据收发指示灯）。绿色指示灯，NM－E 接口正常连接时长亮，当 NM－E 接口收发数据时不规则闪亮。

（2）10/100 M（速率指示灯）。绿色指示灯，长亮表示 NM－E 接口工作速率为 100 M；长灭表示 NM－E 接口工作速率为 10 M。

3. 本地控制接口（CONSOLE）

CONSOLE 接口是调试接口，主要是通过命令行的方式对设备的一些参数进行设置，如设置设备的 IP 地址等。用户使用时可以通过超级终端等软件对设备的参数进行配置，日常维护一般不使用此接口。CONSOLE 接口采用 RJ45 插座。CONSOLE 有接口指示灯，含义如下：

（1）TX。绿色指示灯，CPU 串口发送数据时不规则闪亮。

（2）RX。绿色指示灯，CPU 串口接收数据时不规则闪亮。

4. FE 接口

FE 接口是提供以太网连接的业务接口，为 RJ45 接口，FE 接口有接口指示灯，含义如下：

（1）LINK/ACT（连接状态和数据收发指示灯）。绿色指示灯，FE 接口正常连接时长亮，当 FE 接口收发数据时不规则闪亮。

（2）10/100 M（速率指示灯）。绿色指示灯，长亮表示 FE 接口工作速率为 100 M，长灭表示 FE 接口工作速率为 10 M。

5. 复位按钮

面板上只有一个复位按键，按下复位按钮 1 s 以上，设备 CPU 即处于复位状态，此时会影响到 FE 接口业务，但 E1 业务不受影响。

1.7.3　功能特性

1. E6080 –16E1 设备可提供 STM –1 上联接口，实现接入网与城域网无缝连接，最多提供 2 个 STM –1 群路接口；光模块可选 1×9 封装或 SFP 封装，支持 SC/FC/LC 接口类型，提供光接口发送关断设置（在研），支持光接口 1 +1 保护；SFP 电源模块除了提供发射关断功能外，还提供发射故障告警、收无光告警以及光模块在位信号。

2. E6080 –16E1 设备可提供群路接口的保护功能。

3. E6080 –16E1 设备可提供线性复用段保护、线性 VC 保护、子网连接保护，实现快速保护倒换。

4. E6080 –16E1 设备提供完备的时钟功能，可提供时钟的跟踪、保持。

5. E6080 –16E1 设备时钟源可以选择线路时钟和自由振荡。

6. 通过 UniView DA 传送网子网级管理系统，用户可以对设备及其构成的网络进行配置、维护和监视等操作。

7. 可通过 DCC 进行管理，也可通过以太网网管接口进行管理。

8. 网管可以实现 ITU –T 建议的配置、告警、性能、维护、安全 5 大功能。

9. E6080 –16E1 设备可提供带独立开关的 AC 220 V 单路电源输入或 DC –48 V 双路电源输入。

10. E6080 –16E1 设备可提供 1 路 CONSOLE（RS232）接口，RJ45 接口插座，方便调试。

11. E6080 –16E1 设备可提供 1 路以太网接口，10/100 Mbit/s 自适应，用于网管。

12. E6080 –16E1 设备可提供 4 ~16 路 E1 接口，DB25 接口，由外部的适配器决定选择 75 Ω 或 120 Ω。

13. E6080 –16E1 设备提供 2/4 路 FE 接口，RJ45 接口，支持速率自适应，支持全/半双工，支持端口隔离。以太网接口支持 MDI/MDI –X 自适应。

14. E6080 –16E1 设备可提供 ESD 手镯插孔。

1.7.4 日常维护操作

1. 当更换 E6080 –16E1 设备的时候，需要 DA 网管重新发现远端 E6080 –16E1 设备。

2. E6080 –16E1 设备上不用的 PDH 端口告警应及时屏蔽，减少重要告警的产生。

3. 在现场可以根据指示灯来判断该设备是光路告警还是 E1 业务上的告警。

4. 可以在 E6080 –16E1 设备上打硬环，也可以利用网管在 E6080 –16E1 设备上打软环，软环分为系统侧环回（往核心侧打环）和线路侧环回（往基站侧打环）。

5. 如果带有笔记本，还可以直接用网线或者串口线登录设备，为设备更进一步地排故，更明确故障原因。

6. 设备有软复位和硬关机按钮，设备电源分 –48 V 和 220 V。

1.8 瑞斯康达 OPCOM3107 –16E1 小光端机设备

1.8.1 产品描述

OPCOM3107 –16E1 是瑞斯康达公司自主研发的小型 SDH 传输设备（1U，19 英寸）。它是 OPCOM3100 系列的一款设备，在结构、功能和成本上做了进一步的优化，结构更加小巧，应用更加灵活。

OPCOM3107 –16E1 设备具有两个上联的 STM –1 光接口，可以配成独立模式，也可以配置成为 1 +1 保护模式。固定业务接口为 16 路 75 Ω 的非平衡 E1 接口、3 路具有交换功能的 10/100M 以太网电口、1 路独立的 10/100M 以太网电口。各业务均按照 VC12 颗粒度，映射到 SDH 传输网中。

OPCOM3107 –16E1 设备组网灵活，支持点对点、链型、环形等拓扑结构，支持 1 +1 复用段保护和 1 +1 低阶通道保护，提供高可靠性的传输。

用户可以通过建立带内网管或带外网管通道实现 OPCOM3107 –16E1 设备全网的统一管理，也可以通过瑞斯康达统一的网管平台 NVIEW NNM 来实现图形化的监控、告警、管理与维护。

1.8.2 功能单元

1. 上联接口

提供两个 SDH STM –1 单纤双向 SC 光接口。发送光信号波长为 1 550 nm，接收光信号波长为 1 310 nm。开通业务时固定使用左边光口（EAST 光口），两个光口可以配置为 2 路独立模式或 1 + 1 保护模式。

2. E1 接口

固定提供 16 路 E1 非平衡接口，接口类型为 BNC 接口，从设备后面板出线。

3. 以太网接口

固定提供 3 路具有交换功能的以太网接口和 1 路独立的以太网接口。设备前面板的以太网接口 1、2、3 为 3 路具有交换功能的以太网接口，共享一个 EOS 通道；设备前面板的以太网接口 4 为 1 路独立的以太网接口，单独使用一路 EOS 通道。具有交换功能的以太网接口支持二层交换功能，支持 802. 1Q VLAN、QINQ 等功能；独立的以太网接口支持以太网数据包的透传功能。以太网业务支持 GFP、LAPS 封装，业务的最低带宽为 2M，支持VC12、VC3 虚级联和 LCAS（链路容量动态调整）功能，带宽可根据用户需要无损伤调整。

4. 管理端口

OPCOM3107 – 16E1 设备提供 SNMP 网管接口和 CONSOLE 接口，提供带内 DCC 和带外 SNMP 网管通道，支持近端和远端的软件在线升级，易于维护。提供完备的告警、性能监测。

5. 电源接口

固定提供双电源接口模块，一路为交流 220 V 电源接口，一路为直流 –48 V 电源接口，两路电源可同时供电，提供 1 + 1 电源保护功能，也可以独立供电，适应任何机房环境。具备远端设备掉电检测功能，可实现远端设备掉电告警。

1.8.3 参数指标

1. 设备型号

OPCOM3107 – 16E1 – SS15 – AC_DC。

2. 编号说明

OPCOM3107 – 16E1 为瑞斯康达的远端小型 SDH 光端机的型号，提供 16 个 E1 接口；SS15 表示光端机的光口为单纤双向光接口，发送光信号波长为 1 550 nm，接收光信号波长为 1 310 nm；AC_DC 表示电源接口为双电源，一路为交流 220 V 供电，一路为直流 –48 V 供电，两路电源可以同时工作，也可以单独工作。

3. 光口参数指标

OPCOM3107 – 16E1 设备可选用不同的光模块，光模块型号有以下几种，光模块参数指标见表 1—5。用于基站传输选用的是 SS15 型光模块。

表 1—5　　　　　　　　　　　　　　　　光模块参数指标

模块 型号	波长 （nm）	激光器 类型	接收器 类型	发送光功率 （dBm）	最小过载点 （dBm）	消光比 （dB）	接收灵敏度 （dBm）	传输距离 （km）
M	1 310	LED	PIN	−20 ~ −14	> −14	>8.2	< −28	0 ~ 2
S1	1 310	FP	PIN	−15 ~ −8	> −8	>8.2	< −34	0 ~ 25
S2	1 310	FP	PIN	−5 ~ 0	> −8	>8.2	< −34	10 ~ 60
S3	1 550	DFB	PIN	−5 ~ 0	> −10	>10	< −36	15 ~ 120
SS13	1 310	FP	PIN	−12 ~ −3	> −8	>8.2	< −30	0 ~ 25
SS15	1 550	FP/DFB	PIN	−12 ~ −3	> −8	>8.2	< −30	0 ~ 25
SS23	1 310	FP	PIN	−5 ~ 0	> −8	>8.2	< −32	10 ~ 50
SS25	1 550	DFB	PIN	−5 ~ 0	> −8	>8.2	< −32	10 ~ 50
SS34	1 490	DFB	PIN	−5 ~ 0	> −8	>10	< −32	15 ~ 100
SS35	1 550	DFB	PIN	−5 ~ 0	> −8	>10	< −32	15 ~ 100

4．电源参数指标

（1）交流电压。220 V，容差范围 85 ~ 264 V。

（2）直流电压。−48 V，容差范围 −72 ~ −36 V。

（3）设备功耗。小于等于 10 W。

1.8.4　设备面板及指示灯说明

瑞斯康达 OPCOM3107 − 16E1 设备前面板及后面板布局分别如图 1—41、图 1—42 所示。后面板只提供了 16 路 2M 接口，因此告警指示灯和前文介绍的主要部件都在设备前面板上。

图 1—41　OPCOM3107 − 16E1 − SS15 − AC_DC 设备前面板示意图

图 1—42　OPCOM3107 − 16E1 − SS15 − AC_DC 设备后面板示意图

瑞斯康达 OPCOM3107 -16E1 设备指示灯说明见表1—6。

表1—6　　　　　　　　　　　　　　指示灯说明

序号	说明	指示灯颜色	描述
1	PWR1	绿色	第1路电源告警灯（直流电源） 灯亮表示该路电源工作正常；灯灭表示该路电源工作异常或未接
2	PWR2	绿色	第2路电源告警灯（交流电源） 灯亮表示该路电源工作正常；灯灭表示该路电源工作异常或未接
3	PWR	绿色	电源工作指示灯 灯亮表示 PWR1 和 PWR2 中至少有一路电源工作正常
4	SYS	绿色	系统指示灯，灯闪烁代表 CPU 工作正常；常亮或不亮都表示设备工作不正常，业务中断
5	MAS	绿色	SDH 时钟源为本振时灯常亮，正常工作后应该常灭
6	LPR	红色	远端设备掉电告警指示灯，当设备检测到东向或西向光口远端设备掉电时灯常亮，正常工作后应该常灭
7	FE LNK/ACT	绿色	以太网指示灯，当以太网连接正常时灯常亮，当有数据收发时灯闪烁
8	FE 100M	绿色	以太网指示灯，当以太网工作在 100M 模式时灯常亮，工作在 10M 模式时灯灭
9	光口 LOS	红色	当光口接收信号丢失时灯常亮，正常工作应该常灭
10	光口 LOF	红色	当光口接收信号帧失步时灯常亮，正常工作应该常灭
11	SNMP LNK/ACT	绿色	以太网指示灯，当以太网连接正常时灯常亮，当有数据收发时灯闪烁
12	SNMP 100M	绿色	以太网指示灯，当以太网工作在 100M 模式时灯常亮，工作在 10M 模式时灯灭

1.9　IP - RAN 概述

1.9.1　IP - RAN 的技术背景

随着 3G 无线数据流量增长和 LTE 即将发牌，传统的 MSTP 网络由于业务承载扩展性差、不支持流量统计复用、承载效率低，导致无法有效承载 LTE 大突发流量及基站间多点到多点业务。IP - RAN 网络具有承载效率高、支持点到多点间通信、扩展性好等优点，可纳入城域网网管统一管理，适合作为 3G 及 LTE 基站的回传网络。

实际 IP - RAN 网络是指以 IP/MPLS 协议及关键技术为基础，满足基站回传承载需求的一种二层三层技术结合的解决方案。由于其基于标准、开放的 IP/MPLS 协议族，因此也可以用于政企客户 VPN、互联网专线等多种基于 IP 化的业务承载。

IP－RAN 针对无线接入承载的需求，增加了时钟同步功能，增强了 OAM 能力。具有如下特点：

1. IP－RAN 网络支持流量统计复用，承载效率较高，能满足大带宽业务的承载需求。

2. 能提供端到端的 QoS 策略服务，保障关键业务、自营业务的服务质量，并可提供面向政企客户的差异化服务。

3. 能满足点到点、点到多点及多点到多点的灵活组网互访需求，具备良好的扩展性。

4. 能提供时钟同步（包括时间同步和频率同步），满足 3G 和 LTE 基站的时钟同步需求。

5. 能提供基于 MPLS 和以太网的 OAM，提升了故障定位的精确度和故障恢复能力。

中国电信从 2009 年开始试点部署 IP－RAN，并于 2011 年后进行了规模试商用，IP－RAN 大规模组网的能力在现网得到了验证。

1.9.2 IP－RAN 承载的基本网元

IP－RAN 分为核心层、汇聚层与接入层 3 层。核心层直接与 BSC 或 IP 骨干网相连，一般采用大容量路由器构建，具备高密度端口和大流量汇聚能力（暂命名为 RAN ER）；汇聚层由 B 类设备（IP－RAN 汇聚路由器）组成，用于接入汇聚 A 类设备；接入层由连接基站的 A 类设备（IP－RAN 接入路由器）组成。IP－RAN 网络的承载规范如图 1—43 所示。

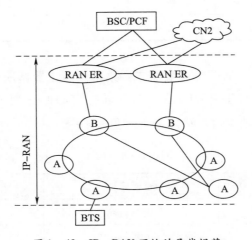

图 1—43　IP－RAN 网络的承载规范

1.9.3　IP – RAN 的时钟同步

对于时钟和时间同步，现网无线专业主要还是依赖基站 GPS 实现，即便在传输通道上也未部署随路时钟的测试。目前，实现时间同步的成熟技术只有 GPS 和 IEEE 1588v2，GPS 由于其成本高、维护难、无法穿越室内、网络安全等缺陷而无法满足运营商长期竞争力的需求。因此，目前 IEEE 1588v2 已经成为 IP – RAN 承载网络建设的基本需求。IEEE 1588v2 作为一种主从同步系统，在系统的同步过程中，主时钟周期性发布 PTP 时间同步协议及时间信息，从时钟端口接收主时钟端口发来的时间戳信息，系统据此计算出主从线路时间延迟及主从时间差，并利用该时间差调整本地时间，使从设备时间保持与主设备时间一致的频率与相位。系统可以同时实现频率同步和时间同步，时间传递的精度保证主要依赖于两个条件计数器频率的准确性和链路的对称性。其采用双向信道，精度为 ns 级，费用低。各类时钟同步性能比较见表1—7。

表1—7　　　　　　　　　　各类时钟同步性能比较

	GPS	NTP	北斗	原子钟	IEEE 1588v2
典型授时精度	20 ns	10 ns	100 ns	10 ns	100 ns
需要卫星覆盖	需要	不需要	需要	不需要	不需要
综合成本	中	低	高	高	低
支持以太网端口	不支持	支持	不支持	不支持	支持
可控性	低	高	中	高	高
可靠性	中	高	中	高	高

LTE 网络有频率和时间两类同步需求：频率同步主要解决相邻基站之间的切换；时间同步主要针对未来 3GPP MBMS 业务；目前 FDD LTE 暂不需要时间同步；TDD LTE 必须时间同步，目前主用基站为 GPS（见表1—8）。

表1—8　　　　　　　　　　LTE 的 GPS 同步

系统	频率同步	时间同步
FDD LTE	0.05 ppm	4 μs（MBMS SFN）
TDD LTE	0.05 ppm	3 μs

现阶段目标是：新建的设备要求具备同步能力，试点推进并积累经验形成网络能力；形成对 GPS 容灾备份，并解决 GPS 不能覆盖的应用场景的问题。

1．时钟源的选择

（1）卫星。GPS/GLONASS：精度为 30 ns，星体为美国/俄罗斯所有。

（2）北斗。理论精度为 100 ns，满足国家安全要求，易于获得；但是由于目前卫星数比较少，稳定度有待长期考查，而且对于天线方向要求比较高，有向南 ±45°的净空要求。

（3）地面时钟源。中国电信骨干同步网主要提供频率同步；2006 年建设的骨干时间同步网可用于提供地面时钟源，但时间传送精度不高（ms 级）。已有的地面同步网可以满足 LTE 网络的频率同步需求，但不能满足时间同步需求。

2．同步源位置部署

（1）方案一。LTE 时钟信号取自省集中二级时钟源。省干时钟可通过波分设备传递到各本地网的 IP－RAN（需改造省干 WDM/OTN 网络，使其支持 IEEE 1588v2）。该方案经过的设备跳数较多、距离长，精度能否达到要求需要现网验证，而且每次省干波分割接需要重新计算和配置时间补偿。

（2）方案二。LTE 时钟信号取自本地网三级时钟源。本地网同步源通过新建 OTN 设备将同步信号导入 IP－RAN。

（3）时钟信号传送技术。本地网内采用全 BC（Boundary Clock）模式逐跳部署 IEEE 1588v2 时间同步和以太频率同步。

3．同步源设备

（1）新建具备双星卡和时间处理功能的 BITS 设备作为同步源。

（2）利用原有 BITS 设备，并新配置双星卡的时间服务器作为同步源。

1.9.4　综合承载网 IP－RAN 业务网络结构

IP－RAN 承载结构如图 1—44 所示。

图 1—44　IP－RAN 承载结构图

1．路由协议

B 类设备与城域网 SR 对接采用 ISIS Level – 2 路由协议，启动 MPLS 协议（LDP），并且部署 MP – BGP VPNv4 协议族承载基站和 CDMA 核心路由。

B 类设备与和 RNC/BSC 互联的 SR 需要和 RR 建立 MP – iBGP 邻居，来宣告基站和 CDMA 核心路由。每台 B 类设备为 1x/DO 业务创建两个双 RD 单 RT 的 VPN，实现流量负载均衡，双上联的 A 类设备分别接入不同的 VPN。B 类设备和 A 类设备之间启用 OSPF 路由协议，通过 OSPF 和 BFD 协议发布路由。

为了实现优化平面的流量负载均衡，IP 城域网优化平面 SR 和无线核心侧 SR 之间启用 EBGP 协议，优化平面 SR 使用双 RD 单 RT 技术。

通过 IP 城域网转发基站流量至连接 CDMA 无线核心的 NNI 连接口，NNI 协议为 E – BGP。

无线核心侧一对 SR 之间启用 IBGP 协议，如果其中一根互联线路中断，SR 可以通过 IBGP 学到无线侧路由。基站与 IP – RAN 基站路由器设备处于同一机架位置；基站通过 DHCP 协议获得 IP 地址，通过 ARP 协议建立 IP 地址与 MAC 的对应关系。

IP 城域网选取 3 组 6 台 SR 设备与 C 网核心的 3 个节点建立 NNI 连接，NNI 协议为 IPv4 EBGP；城域网侧为 AS65050。为提高故障情况下的收敛速度，为 IP 城域网侧 3 组设备的每一组两台设备分别分配不同的 RD 号，实现双 RD 保护；IPv4 EBGP Peer 启动 BFD 协议。

2．冗余保护

IP – RAN 的基站具有 1 路或 N 路 100 M 以太电口，用于接入 IP – RAN 承载网络。在基站侧部署 IP – RAN A 类设备（基站路由器），汇接基站输出的 100 M 以太口，并转换为 100 M 光口，连接 IP 城域网。A 类基站使用两路 100 M 光路上联实现动态冗余保护，B 类基站只有 1 路 100 M 光路上联。

BBU 情况下一个 A 类设备接本站址 3 台 BBU，A 类设备可双接入两台不同局点的 B 类设备，也可单接入一台 B 类设备；B 类设备的成对关系较为灵活。

将 IP – RAN B 类设备部署到所有区域内的传输端局，从而避免基站光纤跨局的消耗。IP – RAN B 类设备通过两路 GE 光口接入 IP 城域网，与 IP 城域网 B 平面处于同一 AS 管理域。

基站接入逻辑结构如图 1—45 所示。

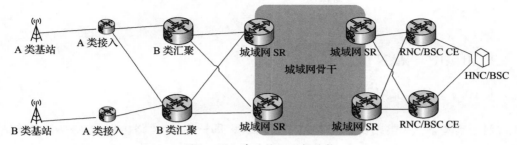

图1—45　基站接入逻辑结构

B类节点以GE链路双归至两台不同的城域网SR。A类设备下挂A类基站时，该节点以FE链路双归至上层两个不同的B类汇聚节点。A类设备下挂B类基站时，该节点以FE链路单上联至上层一个B类汇聚节点。

3. 节点设置

B类设备一般在核心或一般机楼成对设置，在具备光纤条件的区域，一对B类设备可以部署在不同的机房。核心路由器（RAN ER）一般与BSC同机房设置。按照集团定义，ER连接B类设备，同时连接BSC（通过无线核心的CE设备）；北京、上海、广州、重庆等大省省会超大型本地网ER数量不超过6台。

IP城域网B平面目前覆盖上海8个区局（包括浦东南片）和6个郊县。目前承载固网/C网NGN软交换、IMS的业务。为承载IP-RAN，需在此基础上，在各区局、郊县部署IP-RAN B类设备，汇聚多个基站的业务。

4. 承载基站类型

（1）A类基站。对于重要区域的A类基站，需在基站旁布放G级别交换能力的路由器，基站接出的多路100M电口网线直接接入基站路由器。基站路由器由100M光纤就近接入IP城域网两台端局CE设备上。正常情况下，A类基站在所连接的两台端局CE设备上分担流量；如其中一路100M光纤故障，或其中一个端局故障，A类基站流量可以快速切换到另一台端局CE设备上。基站路由器自动连接网管，通过网管下发配置。

（2）B类基站。数量最大的B类、C类基站，原结构为单光纤多路逻辑2M捆绑上连传输网结构。在基站旁布放G级别交换能力的路由器，基站接出的多路100M电口网线直接接入基站路由器。基站路由器由1路100M光纤接入就近的1台IP城域网端局CE设备。

考虑到今后LTE的改造，基站路由器和端局CE设备的100M以太光口都需具备通过更换光模块的方式升级为GE千兆以太光口的能力。

1.10　IP – RAN 的资源分配

1.10.1　IP – RAN A 类设备

对于宏基站，A 类路由器与基站一一对应，即一台 A 类路由器接入一个宏基站，一个宏基站的 1x、DO、动环监控及后续的 LTE 业务均接入同一台 A 类路由器；对于室内分布系统，当同一站址有多套室分系统信源/BBU 时，可接入一套 A 类路由器。用于接入基站和政企客户的接口，业务侧以 GE/FE 接口为主，网络侧现阶段以 GE 接口为主，A 类路由器硬件参数见表 1—9。

表 1—9　　　　　　　　　　　A 类路由器硬件参数

	A 类	
	A1	A2
每槽带宽要求	4 G	10 G
业务槽位数	≥2	≥2
端口可配置端口容量	4GE +4GE/FE（自适应）+2FE	2×10GE +8GE/FE（自适应）
FIB	2 k	2 k
网络端口	以太网接口：GE	以太网接口：10 GE

1. 设备分类

A 类路由器设备分为 A1 和 A2 两类，其中 A1 设备典型配置为 4GE +4GE/FE（自适应）+2FE，A2 设备典型配置为 2×10GE +8GE/FE（自适应）。在 3 G 及 LTE 阶段 A1 设备即可满足业务需求，LTE – Advanced 阶段可采用 A2 设备组网。

2. 业务侧端口

LTE 采用一个 GE 接入，动环监控用 1 个 FE 接入，1x/DO 业务采用 1 个或 2 个 FE（根据基站的接口数量定）接入，业务侧总端口需求为 1GE +（2 ~3）FE。

3. 网络侧端口

若组建 GE 环网，配置 2GE；若组建 2GE 环网，配置 4GE。

4. 备份端口

1GE +1FE。

5. 总端口需求

当一个 A 类设备承载一个 3G 基站和一个 LTE 基站时，端口需求为 6GE +4FE；当一个 A 类设备承载多个基站（假设为 n 个 3G 基站，N 个 LTE 基站）时，端口需求为 5GE +2FE +$N×$GE +$n×$（1~2）FE。

1.10.2 IP–RAN B 类设备

B 类设备一般在核心或一般机楼成对设置。在具备光纤条件的区域，一对 B 类路由器可以部署在不同的机房；在选择同一机房布放时，建议优选具备不同出局光缆路由的机房，用于汇接来自于接入设备的流量至 RAN ER。业务侧接口以 GE 为主，网络侧接口以 GE 和 10GE 为主。B 类设备可分成 B1 和 B2 两类。其中 B1 类路由器可配置端口容量为 60 G，B2 类路由器可配置端口容量为 120 G。现阶段优先采用 B1 类路由器组网；LTE–Advanced 阶段，可考虑 B2 类路由器组网，B 类路由器硬件参数见表1—10，B 类路由器带宽需求见表1—11。

表 1—10 B 类路由器硬件参数

	B 类	
	B1	B2
每槽带宽要求	≥10 G	≥20 G
业务槽位数	≥3	≥5
单向可配置端口容量	60 G	120 G
FIB	128 k	256 k
网络端口	以太网接口：GE、10GE	以太网接口：GE、10GE
业务端口	以太网接口：FE、GE、10GE	以太网接口：FE、GE、10GE

表 1—11 B 类路由器带宽需求

业务需求：以一对 B 类设备覆盖 20~40 个 LTE/3G 基站计算	
上行带宽	下行端口
一个 LTE 及 3G 基站流量 = 220 M，上行带宽 = 220 ×（20~40）M =（4.4~8.8）G	A 类设备以环网接入时：以一对 B 类设备接入 5 个环，当 A 以 2GE 环接入时，需要 10 ×GE；当 A 以 10GE 环接入时，需要 5 ×10GE
	A 设备以双归接入时，以一对 B 设备覆盖 30 个 A，需要 30 ×GE

1.10.3　核心路由器 RAN ER

核心路由器一般与 BSC 同在核心机房设置；用于汇接 B 类路由器流量，上行 3G 流量通过 BSC CE 到达 BSC，4G 流量通过骨干网到达省会 EPC。根据不同本地网 B 类路由器的规模，超大型本地网 ER 数量不超过 6 台，大型本地网 ER 数量不超过 4 台，中、小型本地网 ER 数量不超过 2 台；IP-RAN 建设初期，ER 端口配置按 1:6 收敛比考虑，即 ER 上行带宽配置为汇聚的 B 类设备带宽的 1/6，ER 设备硬件信息见表 1—12。

表 1—12　　　　　　　　　　　　ER 设备硬件信息

ER 设备对	上行		下行	横向
	BSC CE	骨干网（至 EPC）	B 类设备对	ER 之间
组网	口字型	交叉上联	口字型	直连
端口	GE/FE	10GE	10GE	10GE
端口数量	3G 流量需求	一对 ER 覆盖 N 个 A 类设备，收敛比取 1:6，则需要约 $N \times 0.2/6/10 \times 10GE$	一对 ER 下联 N 对 B 类设备对，则需要 $2 \times N \times 10GE$	$1 \times 10GE$

1.10.4　A 类设备与 B 类设备互联

A/B 类基站的承载基站的 A 类路由器采用环形或双归接入一对 B 类路由器；C/D 类基站可根据光纤资源情况，灵活采用环型、双归或链式组网方式使 A 类路由器上联 B 类路由器。一般而言一对 B 类路由器建议接入 20 ~50 台 A 类路由器，现网实际部署时，各省可根据光缆网分布、资源情况及基站带宽情况适当调整；通常每对 B 类路由器覆盖 3 ~10 个接入环；3G 阶段，每个接入环上基站一般不超过 8 个；LTE 阶段，繁忙区域单环上基站数量不超过 6 个，非繁忙区域单环上基站不超过 8 个；链式接入时，级联层数原则上不超过 2 级。

A 类路由器双归接入一对 B 类路由器时，A 类路由器可采用 GE 链路接入 B 类路由器；A 类路由器组环接入一对 B 类路由器时，估算忙区一个环覆盖 6 个基站，初期采用单 GE 环组网，LTE 阶段按需扩容至 2GE 环；链式组网时，A 类路由器采用 GE 链路上联。

1.10.5　B 类设备与 B 类设备互联

B 类设备成对组网，一对 B 类设备间物理上直接进行互联，初期建议采用 10GE 端口，正常情况下，B 类设备间无流量；B 类设备与 ER 间发生故障时，B 类设备承载的基站流量经另一台 B 类设备转发；B 类路由器间带宽预留为 B 类路由器上联至 SR 间带宽的 50%。

1.10.6　汇聚路由器 ER 与 B 类设备对接

每一对 B 类设备口字型接入一对 RAN ER，B 类设备与 RAN ER 间采用 10GE 上行，原则上同局址部署。

当 B 类路由器与 RAN ER 间流量超过链路带宽的 60% 时应进行扩容。

1.10.7　IP 地址资源分配

A–A、A–B 间的网络互联地址，使用公网私用地址。

A 类设备上的设备管理地址，使用公网私用地址。

在 A 类和 B 类设备上用于网管互联和网管管理的地址采用公网私用地址。

在 A 类和 B 类设备上用于动环监控互联和动环监控管理的地址采用私用地址。

B–SR、B 类设备间的网络互联地址，使用城域骨干网内分配的公网网络互联地址。

B 类设备上的设备管理地址，使用城域骨干网内分配的公网设备 loopback 地址。

BTS 的设备地址采用公网私用地址。

综合业务接入网网络互联地址及设备管理地址分配段：3.32.0.0 ~3.35.255.255。

综合业务接入网网管互联地址及网管管理地址分配段：4.32.0.0 ~4.35.255.255。

综合业务接入网 BTS 业务地址：7.64.0.0/16（1x：7.64.0.0/17；DO：7.64.128.0/17），按照使用地址可分为设备管理地址（loopback）、互联地址、业务地址设备管理地址（loopback）：掩码为/32（全市混用）。

互联地址：掩码为/30（全市混用）。

业务地址：掩码为/30（为每块 URC 按业务分配一段/30 地址）。

备注：对于 BTS 业务地址使用规划，按照厂商以 1 个 C 为单位规划。

1.10.8 VLAN 对接关系

以 A 类路由器为单位，规划所需 VLAN，VLAN 对接关系见表 1—13。

表 1—13　　　　　　　　　　　　VLAN 对接关系

业务	VLAN 范围	用途	说明
网管网络互联	32、320	A－B 路由器网管 VLAN	A 通向 B 的不同链路上使用不同 VLAN
1x/DO 网络互联	31、310	A－B 路由器网络互联	A 通向 B 的不同链路上使用不同 VLAN
动环监控网络互联	331、332	A－B 路由器网络互联	A 通向 B 的不同链路上使用不同 VLAN
1x 业务	1 001～1 010	A 路由器－基站	基站上联每块 URC 使用不同 VLAN
DO 业务	2 001～2 010	A 路由器－基站	
动环监控业务	3 001、3 002～3 010	A 路由器－监控设备	3 002～3 010 预留

1.10.9 VPN 设置

根据集团规划，在城域网内新建 3 个 VPN 群组，集团规范参数见表 1—14：

表 1—14　　　　　　　　　　　　集团规范参数

VPN	vrf－name	RD	RT
RAN：1x/DO	CDMA－RAN	4 134：3 050	4 134：305 000
	CDMA－RANA	4 134：3 150	4 134：305 000
网管	CTVPN193－SH	4 134：1 615	HUP 节点 export 4 134：161 500 import 4 134：161 500 import 4 134：161 501 SPOKE 节点 export 4 134：161 501 import 4 134：161 500
动环监控	CTVPN194	4 134：3 070	HUP 节点 export 4 134：307 000 import 4 134：307 000 import 4 134：307 001 SPOKE 节点 export 4 134：307 001 import 4 134：307 000

1.10.10 QoS 设置和需求

1. 业务标志

（1）对于基站业务，基于（子）接口对 1x、EVDO、网管及环境监控等流量进行标志，重置 EXP 值。

（2）IPP 值在基站到 BSC/aGW 之间的承载网络实现透传。

（3）基站业务对应表 1—15。

表 1—15　　　　　　　　　　　基站 QoS 参数

业务类型	业务等级	IPP/802.1P	EXP	队列
1X 语音	关键业务	Any	4	PQ
DO 数据	关键业务	Any	4	PQ
LTE	金	Any	3	轮询队列 1
网管/环境监控	铜	Any	1	轮询队列 2

2. 队列调度

（1）采用独占业务接口接入模式，A 或 B 类设备业务侧采用缺省 QoS 调度策略。

（2）P 设备网络侧接口的队列调度策略按照城域骨干网组网规范的要求进行部署。

（3）A/B 设备网络侧接口调度策略见表 1—16。

表 1—16　　　　　　　　　A/B 设备网络侧接口调度策略

IPP/EXP/802.1P	队列调度	带宽分配		
		A <－> A	A <－> B	B <－> B/B <－> SR
4, 6	PQ（优先队列）	限速 90%	限速 90%	限速 90%
75321	轮询队列 1	剩余带宽的 80%	剩余带宽 80%	剩余带宽的 80%
0 或其他	轮询队列 2	剩余带宽的 20%	剩余带宽的 20%	剩余带宽的 20%

3. 各核心网元间的 QoS 部署比照 C 网现有规范

按照无线专业的要求，基站接入的承载标准为基站至核心、时延小于 100 ms、抖动小于 2 ms、丢包率小于 1/1 000。首批 A 类设备入网，对丢包、时延、抖动做 24 h 测试，实测结果丢包率为 1/10 000，平均时延 2 ms，抖动在 0.52～0.76 ms 之间，如图 1—46 和图 1—47 所示。

图 1—46　实测基站到 A 类设备时延

图 1—47　实测带宽和抖动

1.11　IP – RAN 监控操作说明

1.11.1　告警监测

核心网管中心负责：A 设备、A 设备上联 B 设备、B 设备、B 设备上联 IP 城域网 B 平面 SR、CDMA 无线核心连接 IP 城域网、LTE 无线核心连接 IP 城域网、基站动环监控核心连接 IP 城域网。

网管示意图（IP –FSSS 网管系统）显示现网 B 设备端口信息，如图 1—48 所示。

现场维护 7 ×24 负责：CDMA 基站、CDMA 基站上联 A 设备、LTE 基站、LTE 基站上联 A 设备、CDMA 无线核心、CDMA 无线核心连接 IP 城域网、LTE 无线核心、LTE 无线核心连接 IP 城域网。

无线互联网部负责：动环监控探头、动环监控探头上联 A 设备、动环监控核心、动环监控核心连接 IP 城域网 B 平面。

简言之，查看网络 TOPO 的职责划分为：

核心网管中心：B 设备、A 设备、A –B 互联中继。

无线专业/现场维护：A 设备、A 设备下联。

业务任务日志结果信息

```
SH-SH-YM-ADR-1.M2M.9004(状态:成功):

# 本设备当前端口概况
show ip interface brief
Interface IP-Address Mask Admin Phy Prot Description
gei_1/1 124.75.158.2 255.255.255.252 up up up uT:ipb-s-li1
gei_1/5 unassigned unassigned up up up dT: SH-SH-C5
gei_1/5.31 3.32.255.53 255.255.255.252 up up up dT: SH-SH-C5
gei_1/5.32 4.32.255.53 255.255.255.252 up up up dT: SH-SH-C5
gei_1/6 unassigned unassigned up up up dT: SH-SH-C5
gei_1/6.31 3.32.255.57 255.255.255.252 up up up dT: SH-SH-C5
gei_1/6.32 4.32.255.57 255.255.255.252 up up up dT: SH-SH-C5
gei_1/7 unassigned unassigned up up up dT: SH-SH-C4
gei_1/7.31 3.32.255.189 255.255.255.252 up up up dT: SH-SH-C4
gei_1/7.32 4.32.255.189 255.255.255.252 up up up dT: SH-SH-C4
gei_1/8 unassigned unassigned up up up dT: SH-SH-C5
gei_1/8.31 3.32.255.121 255.255.255.252 up up up dT: SH-SH-C5
gei_1/8.32 4.32.255.121 255.255.255.252 up up up dT: SH-SH-C5
gei_1/9 unassigned unassigned up up up dT: SH-SH-C5
gei_1/9.31 3.32.255.133 255.255.255.252 up up up dT: SH-SH-C5
gei_1/9.32 4.32.255.133 255.255.255.252 up up up dT: SH-SH-C5
gei_1/10 unassigned unassigned up down down dT: SH-SH-C4
gei_1/10.31 3.32.255.193 255.255.255.252 up down down dT: SH-SH-C4
gei_1/10.32 4.32.255.193 255.255.255.252 up down down dT: SH-SH-C4
gei_1/11 unassigned unassigned up up up dT: SH-SH-C6
gei_1/11.31 3.32.253.225 255.255.255.252 up up up dT: SH-SH-C6
gei_1/11.32 4.32.253.225 255.255.255.252 up up up dT: Sgei_1/12 unassigned unassigned up up up dT: SH-SH-C6
gei_1/12.31 3.32.253.229 255.255.255.252 up up up dT: SH-SH-C6
gei_1/12.32 4.32.253.229 255.255.255.252 up up up dT: SH-SH-C6
gei_2/1 124.75.158.6 255.255.255.252 up up up uT:ipb-s-xt-
gei_2/5 unassigned unassigned up up up dT: SH-SH-C5
gei_2/5.31 3.32.255.197 255.255.255.252 up up up dT: SH-SH-C5
gei_2/5.32 4.32.255.197 255.255.255.252 up up up dT: SH-SH-C5
gei_2/6 unassigned unassigned up down down dT: SH-SH-C0
gei_2/6.320 4.32.254.69 255.255.255.252 up down down dT: SH-SH-C0
gei_2/7 unassigned unassigned up up up dT: SH-SH-C5
gei_2/7.31 3.32.255.181 255.255.255.252 up up up dT: SH-SH-C5
gei_2/7.32 4.32.255.181 255.255.255.252 up up up dT: SH-SH-C5
```

图1—48 现网B设备端口信息

1.11.2 设备流经带宽报表分析

表1—17 流量分类统计汇总表

		电路速率(Mbit/s)	平均流速(Mbit/s)		峰值流速(Mbit/s)		平均"日峰值流速"(Mbit/s)		平均"日谷值流速"(Mbit/s)		平均"日非安峰值流速"(Mbit/s)	
所属区局	电路名称		流入	流出	流入	流出	流入	流出	流入	流出	流入	流出
	IPRAN-A下联1X 小计	9300	30.15	42.17	54.46	83.11	54.46	83.11	6.46	6.73	0	0
	IPRAN-A下联D0 小计	9500	43.35	120.3	110.17	327.74	110.17	327.74	6.34	12.97	0	0
	IPRAN-B上联 小计	50000	165.5	77.06	386.07	154.07	386.07	154.07	22.23	13.51	0	0
	IPRAN-B下联 小计	9700	80.82	165.87	162.19	399.5	162.19	399.5	23.17	29.69	0	0
	IPRAN-互联长无核心1X 小计	6000	41.48	29.78	126.68	103.96	126.68	103.96	7.4	7.11	0	0
	IPRAN-互联长无核心D0 小计	6000	119.78	43.69	197.25	182.21	197.25	182.21	20.02	7.56	0	0
	总 计	90500	481.08	478.87	1036.82	1250.59	1036.82	1250.59	85.62	77.57	0	0

统计条件(统计节点:上海电信;统计类型

流量分类统计-汇总 , 流量分类统计-IPRAN-A下联1X , 流量分类统计-IPRAN-A下联

表1—18　　　　　　　　　　　　流量分类统计A设备下联DO

所属区局	电路名称	电路速率(Mbit/s)	平均流速(Mbit/s)		峰值流速(Mbit/s)		平均"日峰值流速"(Mbit/s)		平均"日谷值流速"(Mbit/s)		平均"日非突峰值流速"(Mbit/s)	
			流入	流出	流入	流出	流入	流出	流入	流出	流入	流出
IPRAN-A设备	IPRAN-A下联_C0664新黄浦_经gei_1/7连基站DO	100	0.91	2.1	1.98	5.59	1.98	5.59	0.09	0.06	0	
IPRAN-A设备	IPRAN-A下联_C1602中汇_经gei_1/7连基站DO	100	0.62	1.8	1.89	5.43	1.89	5.43	0.04	0.02	0	
IPRAN-A设备	IPRAN-A下联_C5598大海绿地国际中心_经gei_1/7连基站DO	100	0.09	0.17	0.31	1.81	0.31	1.81	0.02	0.03	0	
IPRAN-A设备	IPRAN-A下联_C5629新联谊大厦_经gei_1/7连基站DO	100	0.04	0.03	0.11	0.25	0.11	0.25	0.02	0	0	
IPRAN-A设备	IPRAN-A下联_C8422西_经gei_1/7连基站DO	100	0.0?	0.2	0.3?	0.85	0.10	0.85	0.02	0.02		

流量分类统计-IPRAN-A下联1X　流量分类统计-IPRAN-A下联DO　流量分类统计

表1—19　　　　　　　　　　　　流量分类统计A设备下联1X

所属区局	电路名称	电路速率(Mbit/s)	平均流速(Mbit/s)		峰值流速(Mbit/s)		平均"日峰值流速"(Mbit/s)		平均"日谷值流速"(Mbit/s)		平均"日非突峰值流速"(Mbit/s)	
			流入	流出	流入	流出	流入	流出	流入	流出	流入	流出
IPRAN-A设备	IPRAN-A下联_C0664新黄浦_经gei_1/5连基站1X	100	0.66	0.9	1.17	1.64	1.17	1.64	0.12	0.12	0	0
IPRAN-A设备	IPRAN-A下联_C1602中汇_经gei_1/5连基站1X	100	0.51	0.68	0.93	1.37	0.93	1.37	0.1	0.1	0	0
IPRAN-A设备	IPRAN-A下联_C5598大海绿地国际中心_经gei_1/5连基站1X	100	0.08	0.09	0.17	0.26	0.17	0.26	0.02	0.01	0	0
IPRAN-A设备	IPRAN-A下联_C5629新联谊大厦_经gei_1/5连基站1X	100	0.04	0.04	0.1	0.1	0.08	0.1	0.02	0.01	0	0
IPRAN-A设备	IPRAN-A下联_C8422西_经gei_1/5连基站1X	100		0.18		0.31		0.31	0.01	0.01		0

流量分类统计-IPRAN-A下联1X　流量分类统计-IPRAN-A下联DO　流量分类统计

1.12 常见故障处理方法与案例

1.12.1 故障处理流程

现场维护、数据网管中心和无线专业维护段如图1—49所示。

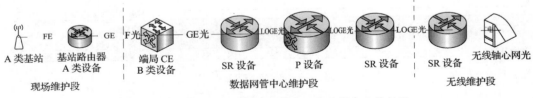

图1—49　现场维护、数据网管中心和无线专业维护段

1.12.2 IP-RAN常见故障现象和处理

1．IP-RAN A设备与基站之间连接故障

（1）故障的表征。A设备下联1x、EVDO端口翻转、DOWN或ARP条目发生变

化，对下联基站有业务影响。

（2）故障的处理。核心网管中心发现 IP‑RAN A 设备与基站之间连接故障，查看综合告警中 A 设备相关的警告信息后，查看 IP‑FSSS 网管，检查 A 设备，若发现设备异常，由网管中心转现场维护现场处理 A 设备故障。

区局现场更换 A 设备与基站互联网线，若依旧异常，则更换整台 A 设备；若更换无法恢复基站运行，而由网管检查新上线的 A 设备运行正常，则转报无线专业处理基站故障。

若 A 设备网管状态正常，PING 测试 1x/EVDO LOOPBACK 地址正常，但发现 A 设备连接基站 1x、EVDO 端口异常，MAC、ARP 学习异常等，由网管中心转报，同时转报无线专业，处理基站故障。

2. A 设备与 B 设备之间连接故障

（1）故障的表征。B 设备连接 A 设备的端口翻转、DOWN 或 OSPF PEER 中断，OSPF 获取的 A 设备路由缺失，A 设备无法访问，对下联基站有业务影响。

（2）故障的处理。网管中心检查 B 设备、板卡、端口状态，若异常，则网管中心至 B 设备现场更换光模块、板卡、机框；若 B 设备正常，则 WX 转报现场维护进行 A 设备现场处理；现场维护至基站现场测试 A 设备侧收光功率；若光功率异常转光缆维护部门（如传输线路中心）处理光路故障；若光功率正常，则更换 A 设备光模块；若更换后依旧异常，则更换整台 A 设备；若更换的是无法恢复的部位，网管中心提供 A 设备现场维护支持。

3. B 设备整机故障

（1）故障的表征。B 设备连接 IP 城域网的端口翻转、DOWN 或 ISIS PEER 中断，B 设备无法访问。

（2）故障的处理。网管中心检查 B 业务状态，若 B 设备连接 IP 城域网 SR 两路上联 GE 中继中一路正常，一路故障，路由切换后不影响业务。

检查故障中继链路两端 B 设备和 SR 的端口状态，若端口、板卡、设备故障，则网管中心现场抢修；若两侧光功率接收异常，则转光缆维护部门处理光纤线路故障。

4. B 设备主控/交换板故障

（1）故障的表征。B 设备转发或协议异常，下联的所有基站脱网或运行不稳定。

（2）故障的处理。网管中心检查 B 设备状态情况，检查设备告警以及设备板卡运行状态。确认是 B 设备主控/交换板故障，尽快至现场更换故障单板。检查更换的主控板状态以及版本情况，确认换上的主控板版本正常，且已经同步了原主控配置。

5．B 设备接口卡故障

（1）故障的表征。B 设备连接 IP 城域网的端口翻转、DOWN 或 ISIS PEER 中断，B 设备无法访问。

（2）故障的处理。网管中心检查 B 设备状态情况，检查设备告警以及设备板卡运行状态。确认是 B 设备接口卡故障，尽快至现场更换故障单板。检查更换的业务板状态以及 BOOT 芯片版本等情况。

6．IP 城域网连接无线核心故障

（1）故障的表征。IP 城域网连接无线核心的端口翻转、DOWN 或 E－BGP PEER 中断。

（2）故障的处理。网管中心检查城域网 SR 侧端口、板卡、设备状态，若 SR 异常，则网管中心现场抢修。若 SR 正常，但 SR 侧光功率接收异常，或 SR 受到端口传输层告警，则同时派发光缆维护部门处理光纤线路故障，派发无线专业检查核心网设备状态。若 SR 正常，中继端口正常，PING 测试无线核心互联地址正常，TRACE 无线核心断点在 IP 城域网外，转无线专业处理核心网故障。

7．基站与无线核心间 IP 端到端报文传输故障

（1）故障的表征。由无线核心侧 PING 测试基站 1x/EVDO 地址，不可达或存在丢包。

（2）故障的处理。由数据网管中心在 B 设备 TRACE、PING 测试至 A 设备 1x/EVDO LOOPBACK 地址、基站 1x/EVDO 的网关地址、基站 1x/EVDO 地址；B 设备 TRACE、PING 测试至对应无线核心网与 IP 城域网互联的 LINK 地址。

若断点在 A 设备外，则转现场维护、无线专业处理基站故障，若断点在 IP 城域网与无线核心网互联中继后，则转无线专业处理无线核心故障；否则由数据网管中心视断点位置，处理 A－B 故障或 IP 城域网内故障。

8．故障案例分析

（1）20130131 云南局 ZXCTN9004 主控板 SFI 故障导致协议工作不稳定

1）故障现象。云南局 B 设备下联的 11 个单上联基站出现闪断故障。

2）故障处理。更换 B 设备故障板后修复。

3）问题。基站报障时属性不明确，没有定位 IP－RAN 基站。（该问题在 2013 年 2 月 25 日网运协调下解决，会议明确：无线专业在 WX 派单时对照 IP－RAN 站点数据表判定是否为 IP－RAN 站点，若是，派单中加入"上联方式为 IP－RAN"字样）。

（2）20130228 南区华林基站 C1805 存在 ETH 告警

1）故障现象。华林基站 C1805 闪断影响业务。

2）故障处理。基站的 ETH 告警是由于端口之间连接问题导致的 CRC 错包产生的，这种故障原因存在于端口以及互联网线上。端口互联质量不佳，导致 A 设备与基站之间存在错包，积累到一定程度，基站会上报 ETH 告警。厂商与现场维护联系，更换 A 设备后故障修复。

3）处理建议。首先更换连接网线，如故障依旧，然后再考虑 A 设备固化的电口存在问题，更换 A 设备解决故障。

（3）20130329 南区东湖 B 设备与 A 设备互联线路中断

1）故障现象。C8392 基站中断。

2）故障处理。更换 A 设备。

3）问题。流程流转不畅。

（4）20130329 南区基站 C6300 断站

1）故障现象。C6300 基站断站。

2）故障处理。南区某台 A 设备上联漕溪 B 设备互联光纤中断，光纤修复后恢复。

3）问题。流程流转不畅。

第 2 章

基站动力设备

学习目标

- ☑ 了解与基站相关的电源、空调、动环监控的基础知识
- ☑ 熟悉现场应用的动力设备
- ☑ 能够对基站动力设备进行正常的运行操作和例行维护
- ☑ 能够建立节能的理念并正确运用节能措施

　　基站动力设备分为 3 个大类：通信电源、空调系统和动力环境监控。本章分别介绍通信电源基础、通信电源设备、机站空调和动力环境监控，同时也介绍一些节能技术，基本涵盖了基站动力专业的所有内容。

　　通信电源基础是了解基站动力系统的基础，对电、电流、串联、并联等电工知识必须了解。基站中使用交流电和直流电两种电源，对其特性也必须充分掌握，尤其是交流电比较复杂，正弦波的三要素和接地方式也是通信电源的基础。供电的分配和保护在了解基站动力设备时是必需的，了解空气开关、熔断器、避雷器等器件的工作原理和正确使用方法，可以帮助维护人员在维护中确保安全。电缆是基站中常用却容易被忽略的部分，了解其特性也是必要的。所有的工作，都是为了确保通信电源的安全和维护人员的人身安全，做好用电的安全防护，是非常重要的。

　　通信电源是一个完整的系统，基站电源系统较传统局站的系统要小，但交流配电、整流器、直流配电、蓄电池俱全，了解和掌握交流配电与保护、整流器原理与维护、蓄电池特性与维护，对保证通信设备供电很有裨益。

　　基站空调是保证机房"四度"的环境设备。了解制冷原理、系统组成是基础，熟悉面板操作是日常维护所必需的，掌握正常维护操作方法是空调运行的保障，能及早发现故障并及时处理，才能保证机房环境始终达到标准。

　　远程监控是现代化管理的基础，传感器是系统的眼睛，处在最底层，SU 对采集的信号具有收敛作用，各基站的信号通过传输线路，在区域中心进行协议转换，送到平台进行存储、告警和分析。

节能是维护工作中一个重要的环节，选择好建设好是节能的基础。掌握好节能的原理，才能维护好并使其发挥更好的效率，充分使用其功能，做到安全、节能两不误。

2.1 通信电源基础

2.1.1 电、电荷、电压、电流、电阻、电容、电感

1. 电

电是电子和质子这样的亚原子粒子之间产生排斥力和吸引力的一种属性。它是自然界 4 种基本相互作用之一。电有两种：一种称为正电，由质子组成；另一种称为负电，由电子组成。通过实验发现带电物体同性相斥、异性相吸。电在早期只是物理概念，自然界中雷电的威力（见图 2—1），使人们开始直观地认识并探索电的特性和用途。自从人类发现电的特性之后，将其充分利用，在通信行业，通信设备就是对电的应用，无论在电源侧还是在信号侧。

图 2—1 雷电

2. 电荷

失去电子或得到电子的物体就带有正电荷或负电荷，带有电荷的物体称为带电体。6.24×10^{18} 个电子所带的电荷总量是 1 库仑（C），所以一个电子所带负电荷量 $e = 1.602 \times 10^{-19}$ C。库仑不是国际标准单位，而是国际标准导出单位。1 库仑（C）= 1 安培·秒（A·s）。

3. 电压

两点间电位差称为电压或电位差（电压是相对的），单位为伏特，用字母 V 表示。电压是指把单位的电荷从电源的一极推向另一极的能力。电压可以理解为电位差，它的大小与零电位基准点的选择有关，通常零电位的选择是设备的外壳或接地端。所以

单个点是不存在电压的，一定是两个点才会形成电压。

4. 电流

电荷在导体或电路中做定向移动，移动的流量就是电流，单位为安培，用字母 A 表示。

5. 电阻

在物理学中，电阻表示导体对电流阻碍作用的大小。导体的电阻越大，表示导体对电流的阻碍作用越大。不同的导体，电阻一般不同。电阻是导体本身的一种性质，这种性质不因电压改变而改变。单位为欧姆，用字母 Ω 表示。电阻为电路中的常用器件，如图 2—2 所示为色环电阻。

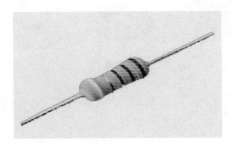

图 2—2　色环电阻

6. 电容

电容是一种静态电荷存储介质，就像一只水桶一样，可以把电荷充存进去，在没有放电回路的情况下，可能电荷会永久存在。它的用途很广，是电子、电力领域中不可缺少的电子元件。主要用于电源滤波、信号滤波、信号耦合、谐振、隔直流等电路中。电容有通交流、阻直流的特性。电容的国际单位是法拉，用字母 F 表示。电容的组成材料与形状多样，如图 2—3 和图 2—4 所示。

图 2—3　云母电容器

图 2—4　电解电容器

7．电感

电感经常被称为线圈。电感是用漆包线、纱包线或塑皮线等在绝缘骨架或磁心、铁心上绕制成的一组串联的同轴线匝，如图2—5所示。它在电路中用字母 L 表示。电感的主要作用是对交流信号进行隔离、滤波或与电容、电阻等组成谐振电路。在一定意义上说，各种变压器其实都是由电感组成的。电感单位是亨利，用字母 H 表示。

图2—5　电感

2.1.2　电路基础

1．欧姆定律

欧姆定律由乔治·西蒙·欧姆提出（见图2—6）。在同一电路中，导体中的电流与导体两端的电压成正比，与导体的电阻阻值成反比，这就是欧姆定律，基本公式是 $I = U/R$。

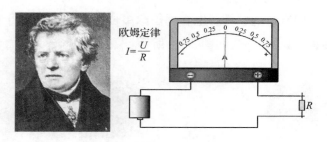

图2—6　欧姆及欧姆试验原理

2．串联电路

串联电路是一种电流依次通过每一个组成元件的电路，如图2—7所示。串联电路的基本特征是只有一条支路，有如下5个特点：

（1）流过每个电阻的电流相等。

（2）总电压等于分电压之和，即 $U = U_1 + U_2 + \cdots + U_n$。

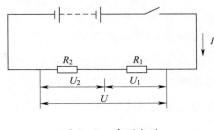

图 2—7　串联电路

（3）总电阻等于分电阻之和。即 $R = R_1 + R_2 + \cdots + R_n$。

（4）各电阻分得的电压与其阻值成正比。

（5）各电阻分得的功率与其阻值成正比。

3．并联电路

并联电路是电路组成的两种基本方式之一，是指在构成电路的元件间电流有一条以上的相互独立通路，如图 2—8 所示。并联电路增加用电器，相当于增加电阻的横截面积，有如下 5 个特点：

（1）并联电路中各支路的电压都相等，并且等于电源电压。

（2）并联电路中的干路电流等于各支路电流之和。

（3）并联电路中的总电阻的倒数等于各支路电阻的倒数和。

（4）并联电路中各支路的电流之比等于各支路电阻的反比。

（5）并联电路中各支路的功率之比等于各支路电阻的反比。

4．基尔霍夫电流定律

基尔霍夫电流定律又称节点电流定律，即电路中的任一节点，在任一瞬间流出或流入的所有电流的代数和恒为零。即对任一节点有：$\sum i = 0$。流出节点的电流在式中取正号，流入节点的电流取负号。基尔霍夫电流定律是电流连续性和电荷守恒定律在电路中的体现。它可以推广应用于电路的任一假想闭合面，如图 2—9 所示。

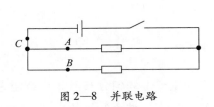

图 2—8　并联电路

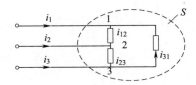

图 2—9　基尔霍夫电流定律原理

2.1.3　直流电与交流电

1．直流电

直流电（Direct Current，DC），又称恒定电流，是指方向和时间不做周期性变化的电流，但电流大小可能不固定，而产生波形。所通过的电路称直流电路，是由直流电源和电阻构成的闭合导电回路。

直流电通常又分为脉动直流电和稳恒电流。脉动直流电中有交流成分，如电视机的电源电路中大约 300 V 的电压就是脉动直流电，交流成分可通过电容滤除。稳恒电流则是比较理想的，电流大小和方向不变。通信电源采用的是稳恒电流，常用的通信直流电为 –48 V。

直流电有很多优点，比如在电力传输上，它的线路损耗比交流系统小；在系统的并接上，由于只需要考虑电压的匹配即可，相对交流系统要简单得多。

2. 交流电

交流电（Alternating Current，AC），也称交变电流，简称"交流"，是大小和方向都随时间变化的一种电流。它最基本的形式是正弦电流。我国交流电供电的标准频率规定为 50 Hz，日本等国家为 60 Hz。

交流电有三个要素，即频率、电势、初相位。三要素不同的交流电，是不能进行对接工作的。交流电一般分为单相交流电和三相交流电。单相交流发电机可以产生单相交流电，三相交流发电机可以产生三相交流电。三相交流电可以抽取其中一相使用，即为单相交流电。

单相交流电在电路中只具有单一的交流电压，在电路中产生的电流、电压都以一定的频率随时间变化，如图 2—10 所示。比如在单个线圈的发电机中（即只有一个线圈在磁场中转动）所产生的即为单相交流电。

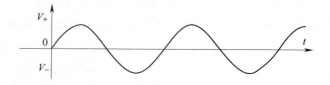

图 2—10 单相交流电波形

三相交流发电机的原理如图 2—11 所示。在它的定子上均匀分布着 3 个绕组 AX、BY、CZ，其中设 A、B、C 3 端为绕组的首端，X、Y、Z 3 端为绕组的末端。这 3 个绕组具有相同的匝数及绕向，并在定子上按空间相互间隔 120°放置。因此三相交流电是由 3 个频率相同、电势振幅相等、相位差互差 120°的交流电路组成的电力系统，波形如图 2—12 所示。三相交流电实际连接方式如图 2—13 所示。

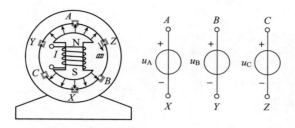

图 2—11　三相交流发电机的原理

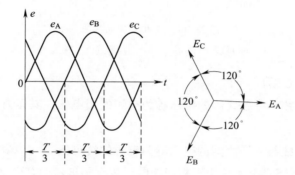

图 2—12　三相交流电波形

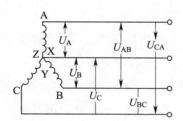

图 2—13　三相交流电实际连接方式

3. 三相交流电的不同制式

三相电源有两种对称连接方法，即星形（Y）接法和三角形（△）接法。两种接法如图 2—14 所示。

从电源的 3 个首端 A、B、C 引出到负载的导线，称为相线或端线，俗称火线。由公共端点 N 引出的导线，称为中线或零线。因公共端点 N 在电厂接地，又俗称地线。配电线上用黄、绿、红 3 种颜色分别表示 A、B、C 三相相线，用黑色表示中线。电源向负载供电，若只引出 A、B、C 3 根相线的电路称为三相三线制电路。若引出 A、B、C、N 4 根线的电路称为三相四线制电路。

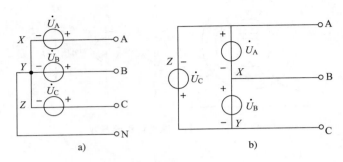

图2—14 三相交流电接法

a）星形（Y）接法 b）三角形（△）接法

（1）相电压与线电压

1）相电压。火线与中线之间的电压称为电源的相电压，其正方向规定为火线指向中线。

2）线电压。火线与火线之间的电压称为电源的线电压。

在我国，多数低压供电系统为三相四线制，规定相电压为220 V，线电压为380 V，电源频率为50 Hz。三相四线制供电的优点在于既可提供线电压为380 V的对称三相交流电压，又可提供380 V和220 V的单相交流电压。

（2）电力变压器后的用户供电系统，按照接地方式的不同，可以分为TT、TN－C、TN－S、TN－C－S、IT 5种供电系统。

1）TT方式供电系统（见图2—15）。第一个字母T是表示电源中性点接地，第二个字母T表示用电设备外露的金属部分与大地直接连接，与电源系统接地无关，即设备的金属外壳接地，这种保护系统，称为保护接地系统，也称TT方式供电系统。要求接地线接地电阻小于4 Ω。L表示相线，N表示中线。

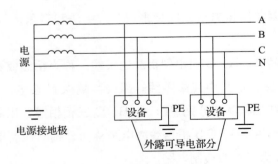

图2—15 TT方式供电系统

TT 方式供电系统的电气设备采用接地保护，这可以大大减少触电危险性，当相线触碰设备外壳时，人体与接地体为并联关系，由于人体电阻大于接地电阻，则流过人体的电流很小，不至于造成对人体的伤害。

TT 方式供电系统适合用于接地点相对分散的地方。当用电设备比较集中时，可以共用同一接地保护装置，设置共用接地保护母线，电气设备外壳均用保护线 PE 接于共同保护母线上。

2）TN – C 方式供电系统（见图 2—16）。电源中性点接地，设备金属外壳与中性点相接的保护系统，称为接零保护系统，用 TN 表示。

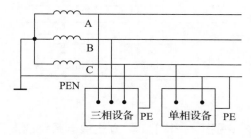

图 2—16　TN – C 方式供电系统

TN – C 方式供电系统是指中性线兼作接零保护线的系统，该中性线又称为保护性中性线，用 PEN 表示。

TN – C 方式供电系统一旦设备出现相线碰壳（漏电）事故，接零保护系统会使相线与中性线形成回路，实际就是形成单相短路故障，电路中断路器会立即动作而跳闸或电路中熔断器会立即熔断，使故障设备断电，从而起到保护作用。

3）TN – S 方式供电系统（见图 2—17）。电源中性点接地，中性线 N 和专用保护零线 PE 严格分开的供电系统，称为 TN – S 供电系统，俗称为三相五线制系统。

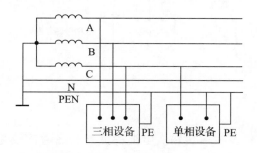

图 2—17　TN – S 方式供电系统

TN－S方式供电系统的接零保护可以把故障电流上升为短路电流，使断路器自动跳闸切断电源，安全性能好。中性线 N 无重复接地，PE 线有重复接地，供电干线上可以安装漏电断路器，供电可靠性好。

4）TN－C－S方式供电系统（见图2—18）。供电电源为三相四线制供电，而到用户端需要采用专用保护线时，可在用户的总配电箱中分出 PE 线。但要求 PE 线与 N 线在分开后，不得再合并。

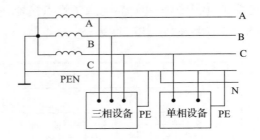

图2—18　TN－C－S方式供电系统

5）IT方式供电系统（见图2—19）。IT 方式供电系统的 I 表示电源侧没有工作接地，T 表示负载侧电气设备有接地保护。IT 方式供电系统在供电距离不是很长时，具有供电可靠性高、安全性好的特点。一般用于不允许停电的场所，或要求严格地连续供电的地方，例如，医院手术室、电力炼钢、矿井等。该系统中无中性线，任何带电部分严禁接地，对带电部分的绝缘要求较高，要求装设绝缘监视及接地故障报警或显示装置。

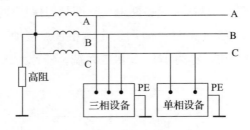

图2—19　IT方式供电系统

2.1.4　电缆

电缆用于电力、通信及相关传输。电缆的完整命名通常较为复杂，机房中一般使用 RVVZ 电缆，含义为双层聚氯乙烯绝缘、阻燃型软电缆。

电线电缆产品总体上由导线、绝缘层、屏蔽和护层这4个主要结构以及填充元件和承拉元件等组成。

1. 导线

导线是产品进行电流或电磁波信息传输最基本的必不可少的主要构件。导线是导电线芯的简称，用铜、铝、铜包钢、铜包铝等导电性能优良的有色金属制成。

2. 绝缘层

绝缘层是包覆在导线外围四周起着电气绝缘作用的构件。绝缘层能确保传输的电流或电磁波、光波只沿着导线行进而不流向外面，导体上具有的电位（对周围物体形成的电位差即电压）能够被隔绝。即既要保证导线的正常传输功能，又要确保外界物体和人身的安全。

导线与绝缘层是线缆产品（裸电线类除外）必须具备的两个基本构件。

3. 屏蔽

屏蔽是一种将电缆产品中的电磁场与外界的电磁场进行隔离的构件；有的线缆产品在其内部不同线对（或线组）之间也需要相互隔离。可以说屏蔽是一种"电磁隔离屏"。高压电缆的导体屏蔽和绝缘屏蔽是为了均化电场的分布。

4. 护层

当电线电缆产品安装运行在各种不同的环境中时，必须具有对产品整体，特别是对绝缘层起保护作用的构件，这就是护层。对各种机械力的承受或抵抗力、耐大气环境、耐化学药品或油类、对生物侵害的防止，以及减少火灾的危害等都必须由各种护层结构来承担。

5. 填充结构

很多电线电缆产品是多芯的，将这些绝缘线芯或线对成缆（或分组多次成缆）后，一是外形不圆整，二是绝缘线芯间留有很大空隙，因此必须在成缆时加入填充结构，填充结构是为了使成缆外径相对圆整以利于包带、挤护套。

6. 抗拉元件

钢芯铝绞线、光纤光缆电缆等的典型结构即是抗拉元件。在近年来开发的特种细小、柔软型，同时要求多次弯、扭曲使用的产品中，抗拉元件起着重要的作用。

7. 电缆截面的选择

应按温升、经济电流密度、电压损失、机械强度、安全载流量，以及低压系统中敷设距离导致的单相短路故障、接地故障保护灵敏度问题，综合考虑电缆截面。在电力行业应用中，一般是按照温升选择电缆截面积，许多电缆最高允许在 70~90℃下运行。在通信行业应用中，电压损失是主要考虑因素。

8．电缆截面的确认

由于目前电缆经常发现铜材质量差和截面与标称不符的伪劣产品问题，因此需要进行甄别。根据铜的电气性能可知，横截面为 1 mm²、长度 1 m 的纯铜材料的电阻为 0.017 Ω。以 30 m 左右长的电缆，通 30~100 A 电流进行压降验证。$U = I \times R$。

9．电缆常见故障

电缆线路常见的故障有机械损伤、绝缘损伤、绝缘受潮、绝缘老化变质、过电压、电缆过热故障等。当线路发生上述故障时，首先应切断故障电缆的电源，寻找故障点，对故障进行检查及分析，然后进行修理和试验，该割除的割除，待故障消除后，方可恢复供电。电缆故障一般用肉眼、万用表、兆欧表可以发现。

2.1.5　空气开关

自动空气开关也称为低压断路器，可用来接通和分断负载电路，也可用来控制不频繁启动的电动机。它的功能相当于闸刀开关、过电流继电器、失压继电器、热继电器及漏电保护器等电器部分或全部的功能总和，是低压配电网中一种重要的保护电器。

自动空气开关具有多种保护功能（过载、短路、欠电压保护等），且具备动作值可调、分断能力高、操作方便、安全等优点，目前被广泛应用。常用的空气开关如图 2—20 所示。

图 2—20　各类空气开关

1．结构和工作原理

自动空气开关由操作机构、触点、保护装置（各种脱扣器）、灭弧系统等组成。自动空气开关的结构和工作原理如图 2—21 所示。

自动空气开关的主触点是靠手动操作或电动合闸的。主触点闭合后，自由脱扣机构将主触点锁在合闸位置上。过电流脱扣器的线圈和热脱扣器的热元件与主电路串联，欠电压脱扣器的线圈和电源并联。当电路发生短路或严重过载时，过电流脱扣器的衔铁吸合，使自由脱扣机构动作，主触点断开主电路。当电路过载时，热脱扣器的热元件

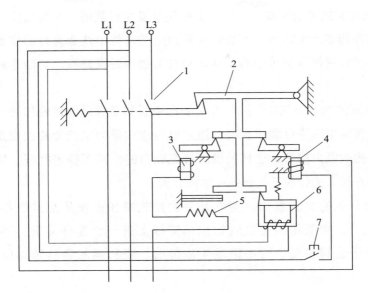

图2—21 自动空气开关结构及工作原理

1—主触点 2—自由脱扣机构 3—过电流脱扣器 4—分励脱扣器

5—热脱扣器 6—欠电压脱扣器 7—停止按钮

发热使双金属片向上弯曲，推动自由脱扣机构动作。当电路欠电压时，欠电压脱扣器的衔铁释放，也使自由脱扣机构动作。分励脱扣器则作为远距离控制用，在正常工作时，其线圈是断电的，在需要距离控制时，按下启动按钮，使线圈通电，衔铁带动自由脱扣机构动作，使主触点断开。

用自动空气开关实现短路保护比熔断器优越。因为三相负载中发生线间短路时，很可能只有一相熔断器烧断，造成单相运行。而使用自动空气开关时，只要发生线间短路，开关就跳闸，将三相电路同时切断，因此，在要求较高的场合常采用自动空气开关。

2. 空气开关的操作和故障

空气开关需要人工进行闭合、分断，操作时尽量单手操作。手应与上桩头、下桩头的裸露金属带电部分保持间距，以避免触电事故。空气开关保护跳闸后，扳手会停在中间，应先向分断方向复位再闭合，但闭合前一定要查找出跳闸的原因，否则可能会造成二次事故。

空气开关跳闸的方式有3种，即采用热动脱扣、电磁脱扣和复式脱扣，这3种脱扣方法的操作原理虽然不同，但都能达到切断电源的目的。

（1）空气开关的热动脱扣。空气开关在线路发生过载时，内部所安装的热元件会在过载电流的作用下产生热量，当热量传导到空气开关中双金属片的位置时会令金属片受热翘起，形成对搭钩的推动力，从而将其与锁扣脱离开来，切断主触点达到跳闸的作用。

（2）空气开关的电磁脱扣。空气开关的电磁脱扣是通过电磁脱扣器所产生的吸力来完成的。当线路中电流过载严重时，通过电磁脱扣器的电流会超过设定值，使得电磁脱扣器所产生的吸力提高，这样衔铁就会在吸力的作用下撞击杠杆，使得搭扣与锁扣脱开，锁扣在弹簧的作用下将开关主触点分离。

（3）空气开关的复式脱扣。空气开关的复式脱扣是使用复式脱扣机构完成跳闸动作。空气开关中使用的复式脱扣机构实际上是一套连杆装置，平时主触点闭合时，锁扣处于合闸位置，当线路发生故障时，脱扣器就会将锁扣脱开，分断主触点。

2.1.6 熔断器

熔断器是一种保护元件，也叫保险丝。电路中的导线都有其允许通过的最大电流，如果超过了这个最大值，导线就会过热而烧坏，甚至引起火灾。为了避免这种事故的发生，在电路中串入电阻率较大而熔点较低的熔丝，一般由铅锑合金制成。当有过大的电流通过时，熔丝产生较多的热量，使它的温度迅速达到熔点，于是熔丝熔断，自动切断电路从而起到保护作用。

1．熔断器的分类

（1）RL 型螺旋式熔断器（见图 2—22）。在熔断管装有石英砂，熔体埋于其中，熔体熔断时，电弧喷向石英砂及其缝隙，可迅速降温而熄灭。为了便于监视，熔断器一端装有色点，不同的颜色表示不同的熔体电流，熔体熔断时，色点跳出，示意熔体已熔断。螺旋式熔断器额定电流为 5 ~200 A，主要用于短路电流大的分支电路或有易燃气体的场所。

（2）RT 型有填料管式熔断器（见图 2—23）。有填料管式熔断器是一种有限流作用的熔断器。由填有石英砂的瓷熔管、触点和镀银铜栅状熔体组成。有填料管式熔断器均装在特别的底座上，如带隔离刀闸的底座或以熔断器为隔离刀的底座上，通过手动机构操作。有填料管式熔断器额定电流为 50 ~1 000 A，主要用于短路电流大的电路或有易燃气体的场所。

图 2—22　螺旋式熔断器

图 2—23　有填料管式熔断器

（3）RM 型无填料管式熔断器（见图 2—24）。无填料管式熔断器的熔丝管由纤维物制成，使用的熔体为变截面的锌合金片。熔体熔断时，纤维熔管的部分纤维物因受热而分解，产生高压气体，使电弧很快熄灭。无填料管式熔断器具有结构简单、保护性能好、使用方便等特点，一般与刀开关组成熔断器刀开关组合使用。

（4）RS 型有填料封闭管式快速熔断器（见图 2—25）。有填料封闭管式快速熔断器是一种快速动作型的熔断器，由熔断管、触点底座、动作指示器和熔体组成。熔体为银质窄截面或网状形式，只能一次性使用，不能自行更换。由于其具有快速动作的特点，一般用于保护半导体整流元件。

图 2—24　无填料管式熔断器

图 2—25　有填料封闭管式快速熔断器

2．熔断器的选择

熔断器要根据负载的情况和电路断路电流的大小来选择类型。熔断器的额定电流应不小于熔体的额定电流；额定分断能力应大于电路中可能出现的最大短路电流。在配电系统中，各级熔断器应相互匹配，一般上一级熔体的额定电流要比下一级熔体的额定电流大 2 ~ 3 倍。

2.1.7　接地与防雷

1. 接地系统

接地系统一般可以分为工作接地、保护接地和防雷接地。在通信局中，往往把上述接地统一为一个地网，称为联合接地。

（1）工作接地。在通信系统中，为保证通信设备正常运行而设置的接地系统称为工作接地。所谓工作接地，就是利用大地这个导体构成回路，来传输能量和信息。同时，利用工作接地来降低电信回路中的串音，抑制电信线路中的各种电磁干扰，提高通信线路的传输质量。

工作接地又可分为交流工作接地和直流工作接地。

1）直流工作接地。在各通信局、站的工作接地系统中，包括"电池的正极接地""交换机的外壳接地""载波机和载波机架接地""总配线架接地"等，都是直流工作接地。程控交换机室内地线布线系统要比纵横制严格，必须采用一点接地原则，即引入程控交换机室内的接地线只能接到一次接地端子，再由该端子引到各个机架。

2）交流工作接地。在 TT、TN – C、TN – S、TN – C – S、IT 5 种交流供电系统中，有不同的接地方式，详见本章 2.1.3 内容。

（2）保护接地。为了保障人身的安全，避免发生触电事故，将设备在正常情况下不带电的金属部分（外壳）和接地装置进行良好的金属连接，即为保护接地。

发生单相碰壳故障时，便形成一个单相短路回路，由于这个短路回路不含有接地装置的接地电阻（工作接地、保护接地），该回路阻抗很小，故障电流将很大，保证在很短的时间内使熔断器熔断、保护装置动作。此时零线上不准装熔断器和开关；和相线的敷设要求相同；同一系统中采用此方式后，不允许再对其中任一设备采用保护接地的方式；应同时装设足够的重复接地装置。在中性点有良好接地的低压配电系统中，应采用保护接地的方式。大多数工厂企业都使用单独的配电高压变压器供电，故属于此类。公用电网、农村配电网也适宜采用保护接地。

（3）防雷接地。防雷接地装置的接地电阻一般应在 10 ~ 20 Ω 之间。当遭受雷击时，防雷地线中的瞬时电流很大，从而产生很高的电压降，因此，独立的防雷地线一定要与工作地线和保护地线分开，以保护通信设备。为了防止雷击对设备、建筑物和生命财产的威胁，在建筑物的最高点和设备的入口处都设置有避雷保护装置。这种避雷保护装置能将雷电冲击电流旁路入地，并将冲击电压限制在允许范围内。

2. 避雷器

避雷器的作用是用来保护电力系统中各种电器设备免受雷电过电压、操作过电压、工频暂态过电压冲击而损坏的电器。避雷器的类型主要有保护间隙、阀型避雷器和氧化锌避雷器。保护间隙主要用于限制大气过电压，一般用于配电系统、线路和变电所进线段保护。阀型避雷器与氧化锌避雷器用于变电所和发电厂的保护，在 500 kV 及以下系统中主要用于限制大气过电压，在超高压系统中还用来限制内过电压或作内过电压的后备保护。

目前市面上比较常见的避雷器有：LKX 雷科星品牌避雷器、地凯防雷避雷器、中国大陆 KBTE 科比特避雷器、Haide 还得防雷器、法国 Soule 避雷器、英国 ESP Furse 避雷器、德国 OBO 防雷器、DEHN 避雷器、美国 PANAMAX 避雷器、INNOVATIVE 避雷器、美国 POLYPHASER 天馈避雷器。

通信局站一般要求有三级避雷器，第一级为进线避雷，容量为 40 kA 左右；第二级为电源避雷，容量为 20 kA 左右；第三级为设备避雷，容量为 4~10 kA。

2.1.8　用电安全

安全用电是电信部门首先要考虑的事情。加强用电安全管理，确保用电安全，防止事故发生是十分重要的。电气安全一是涉及人身安全，二是涉及设备安全，这两个方面都是疏忽不得的。

安全用电对于人身安全而言，最要紧的是防止触电事故的发生。触电分为直接接触触电和间接接触触电，这两种不同的触电事故现象，应采用不同的防护措施。

1. 直接接触触电防护措施

为了防止直接触及带电体，常采用绝缘、屏护、间距等最基本的技术措施。

（1）绝缘。绝缘是用绝缘材料把带电体封闭起来，以隔离带电体或不同电位的导体，使电流能按一定的路径流通。常用的绝缘材料有：瓷、玻璃、云母、橡胶、木材、胶木、布、纸、矿物油等。

（2）屏护。当配电线路和电气设备的带电部分不便于包以绝缘或绝缘不足以保证安全时，就应采用屏护装置。常用的屏护装置有遮拦、护罩、护盖、箱盒等，可将带电体与外界隔绝，以防止人体触及或接近带电体而引起触电、电弧短路或电弧伤人。

（3）间距。为了防止人体触及或接近带电体，防止车辆或其他物体碰撞或过分接近带电体，以及防止火灾、过电压放电和各种短路事故发生，在带电体与地面之间、带电体与带电体之间、带电体与其他设备之间，均应保持一定的间隔和距离。间距的大小取决于电压高低、设备类型以及安装方式等因素。

（4）用漏电保护装置作补充防护。为了防止人体触及带电体而造成伤亡事故，有必要在分支线路中采用高灵敏度（额定漏电动作电流不超过 30 mA）快速（最大分断时间不大于 0.25 s）型漏电保护装置。它在正常运行中可作为其他触电防护措施失效或使用者疏忽时直接的补充防护，但不能作为唯一的直接接触防护。

2．间接接触触电防护措施

对间接触电，通常采用接地、接零等防护措施。

（1）接地、接零保护。采用接地、接零保护措施后，当电气设备发生故障时，线路上的保护装置会迅速运作而切除故障，从而防止间接触电事故的发生。

（2）双重绝缘。为了防止电气设备或线路因基本绝缘损坏或失效使人体易接近部分出现危险的对地电压而引起触电事故，可采用除基本绝缘层之外另加一层独立的附加绝缘（如在橡胶软线外面再加绝缘套管）的方法。

（3）自动断开电源。当电气设备发生故障或者载流体的绝缘老化、受潮与损坏时，如果电气设备的外露金属部件出现危险的接触电压，则需根据低压电网的运行方式，采用适当的自动元件和连接方法（一般通过熔断器、低压断路器的过载脱扣器、热继电器以及漏电保护装置），当发生故障时能在规定的时间内自动地断开电源，防止接触电压的危害。

3．触电

触电形式可以分为单线触电和双线触电两种，如图 2—26 所示。双线触电比单线触电更危险。电流流过心脏区域，触电伤害最为严重，所以双手触电危险性最大。若电动机、电器的绝缘损坏（击穿）或绝缘性能不好（漏电）时，其外壳便会带电，如果人体与带电外壳接触，这就相当于单线触电。为了防止这种触电事故，电气设备常采用保护接地和保护接零措施。

4．安全管理与安全教育

安全管理工作必须贯彻"安全第一，预防为主"的方针。各级领导必须重视贯彻行动，建立和健全安全管理机构，专人负责、统一管理。安全部门应做好人员的培训考核、安全用电宣传教育及安全检查等组织管理工作，还要协同或督促有关部门制定合理有效、切实可行的各项安全规程或制度，并经常检查其执行情况。

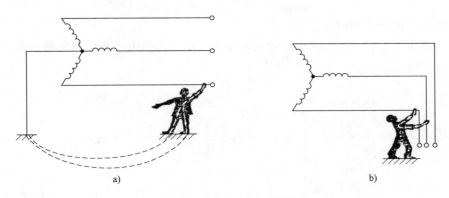

图 2—26　单线触电和双线触电

a）单线触电　b）双线触电

为了贯彻"安全第一，预防为主"的方针，搞好安全工作，必须经常地开展安全教育。安全教育可以采取广播、标语、事故现场会、培训班等多种形式，同时应抓好工作人员的培训、考核、发证工作。

进入配电室工作的电力机务员，应符合供电部门的要求，即电气作业人员必须身体健康，由医生鉴定无妨碍电气作业的疾病，如视觉、听觉障碍，高血压，心脏病，癫症，精神分裂症，严重口吃等；电气作业人员必须持证操作；新从事电气工作的工人，必须年满十八周岁，具有高中以上的文化程度，有电工基础理论和电工专业技术知识及一定的实践经验，并经过了安全技术培训，熟悉电气安全工作的规章制度，掌握电气火灾的扑灭抢救方法，掌握触电急救的技能，经鉴定考试合格，取得职业资格证书，严禁无证操作。

2.2　通信电源设备

2.2.1　电源在通信中的地位及其组成

1. 电源在通信中的地位

通信电源是通信设备的心脏，是整个通信系统运行的原动力，可以说，没有电源，通信就无从谈起。由于目前通信市场竞争激烈，保证通信网络稳定、确保通信无中断是参与市场竞争的基础。电信，就是以电为原料，加工成信号出售。因此，保证通信电源的完好稳定，是维护工作的基础。

2．通信电源系统组成

（1）集中供电。传统的供电方式采用集中供电，即供电设备集中和供电负载集中，如图2—27所示。

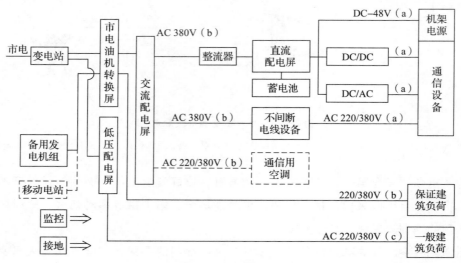

图2—27　集中供电系统

（a）不间断　（b）可短时间中断　（c）允许中断

1）集中供电的优点。由于整流器、控制屏、变换器、逆变器都集中放置在电力室，各类电压的电池组都集中放置在电池室，因此供电容量大，且无须考虑兼容问题，供电设备的干扰也不会影响主通信设备。

2）集中供电的缺点

①供电设备集中，体积大、质量大，故电力室和电池室必须建在电信大楼底层，土建工程大。同时由于负载集中，若出现局部故障，则会影响到全局。

②电力室至机房的馈电线截面积较大，且随着不断扩容而继续增大，会造成安装困难，也会消耗过多铜材，且线路压降大。

③需在基础电源引出端至负载端装设中间滤波器，否则电磁干扰、射频干扰将通过汇流线进入通信设备，影响通信质量。

④扩容困难。

（2）分散供电。分散供电系统是指供电设备有独立于其他供电设备的负载，即负载分散或电池与负载都分散，如图2—28所示。

1）分散供电类型。分散供电有3种类型。

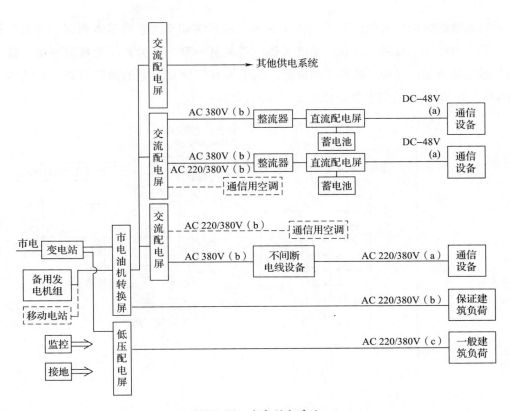

图 2—28　分散供电系统

（a）不间断　　（b）可短时间中断　　（c）允许中断

①通信机房内设一个集中的电源系统（包括整流设备和蓄电池），向全部通信设备供电。

②在通信机房内设多个电源系统（包括整流设备和蓄电池），分别向通信设备供电。

③通信设备每个机架内设独立的小电源系统，仅供本机架通信设备使用。

2）分散供电的优点

①占地面积小，节省材料。

②节能、降耗。

③运行维护费用低。由于电源设备不需要一开始就按终期容量配置，因此机动灵活，有利于扩容，工作量小。

④供电可靠性高。由于采用多个电源系统，因而同时故障率小，即全局通信瘫痪的概率很小。

（3）基站供电。基站供电很难确认是分散供电的方式，还是集中供电的方式。基站供电系统的结构相对于大系统要简单很多，但系统却与大系统基本相同。市电一般为一路，有些局站有两路进线。整流设备一般只有一套，多为紧凑型整流设备，蓄电池一般配备两组，接地、防雷系统俱全，由于没有使用交流电的通信设备，系统中没有 UPS。一般基站的供电系统如图 2—29 所示。

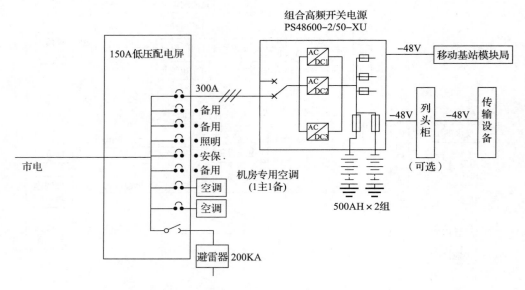

图 2—29　一般基站的供电系统

2.2.2　交流配电系统

1. 交流配电的作用

低压交流配电的作用是：集中有效地控制和监视低压交流电源对用电设备的供电。小容量的供电系统，比如分散供电系统，通常将交流配电、直流配电、整流和监控等组成一个完整、独立的供电系统，集成安装在一个机柜内。相对于大容量的供电系统，小容量的供电系统一般单独设置交流配电屏，以满足各种负载供电的需要。

2. 交流配电的功能

交流配电屏（模块）的主要功能通常有以下几项：

（1）输入一路或两路市电，两路市电可进行人工倒换，但必须有可靠的机械联锁，如图 2—30 所示。

（2）具有监测交流输出电压和电流的仪表，并能通过仪表、转换开关测量出各相相电压、线电压、相电流和频率。

图 2—30 机械联锁装置

（3）具有欠压、缺相、过压告警功能。为便于集中监控，可以提供遥信、遥测等接口。

（4）提供各种容量的负载分路。

（5）交流配电屏的输入端提供可靠的防雷击、浪涌保护装置。

3. 基站常用交流配电的形式

基站常用交流配电的形式有两种，一种为挂墙配电箱，一种为落地配电柜，两种形式在原理上是一样的。挂墙配电箱由于体积小，能提供的功能、容量和分路数量相对少一些。基站挂墙交流配电箱及内部结构如图 2—31 所示。

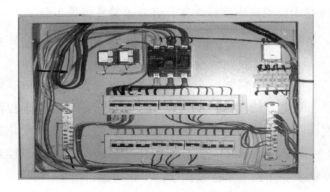

图 2—31 基站挂墙交流配电箱内部结构

2.2.3 高频开关电源（整流器）

1. 高频开关电源的基本原理

通信用开关电源通过整流电路，将交流电变为直流电，之后的电路控制开关管进行高速的导通与截止，将直流电转化为高频率的交流电进行变压，从而控制输出电压。开关电源结构如图 2—32 所示，工作的过程为：

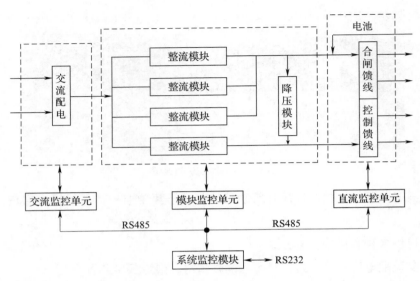

图 2—32 高频开关电源系统原理

（1）交流电源输入经整流滤波变成直流。

（2）通过高频脉冲宽度调制（PWM）信号控制开关管，将之前的直流加到开关变压器初级上。

（3）开关变压器次级感应出高频电压，经整流滤波供给负载。

（4）输出部分通过一定的电路反馈反馈给控制电路，控制 PWM 占空比，以达到稳定输出的目的。

脉冲宽度调制（PWM），简称脉宽调制，是利用微处理器的数字输出来对模拟电路进行控制的一种非常有效的技术，广泛应用在测量、通信、功率控制与变换等许多领域中。脉冲宽度调制是一种模拟控制方式，其根据相应负载的变化来调制晶体管基极或 MOS 管栅极的偏置，控制晶体管或晶体管的导通时间，从而控制开关电源的输出，这种方式能使电源的输出电压在工作条件变化时保持恒定。

2．常用的开关电源

在基站中常用紧凑型开关电源，一般交流进线在机架下部，直流配出在上部，中间为整流模块。常见的开关电源有爱默生公司的 PS48300、PS48600，中兴公司的 ZX600E、ZXDU500、ZXDU68、ZXDU58，中达公司的 MCS3000、MCS3000D、MCS1800 等。目前使用比较广泛的是爱默生公司的整流设备。PS48300 –3B/2900 –W6 整流设备介绍如下：

（1）组成。开关电源系统由配电部件、整流模块及监控模块组成。整流模块型号

为 R48 –2900U，监控模块型号为 M500S。紧凑型开关电源系统内部结构如图 2—33
所示。

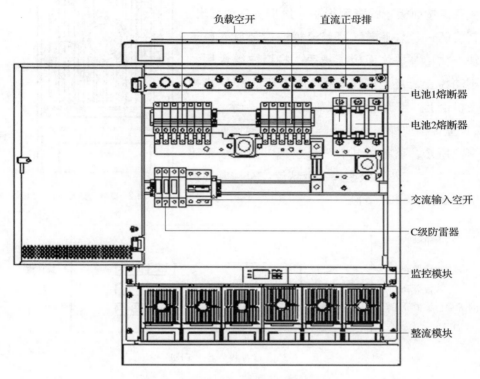

图 2—33 紧凑型开关电源结构

（2）系统配置 PS48300 –3B/2900 –W6 整流设备系统配置见表 2—1。

表 2—1   PS48300 –3B/2900 –W6 整流设备系统配置

参数	配置
整流模块 R48 –2900U	可选配置：2 ~ 6 个
监控模块 M500S	1 个
交流输入	交流输入模式，单路交流输入 交流输入空开，1 ×63A/3P
直流输出	标准配置，负载输出 13 路 负载下电支路：1 ×63 A/1P（MCB），5 ×20 A/1P（MCB） 电池保护支路：6 ×10 A/1P（MCB） 电池熔芯：2 ×200 A（电池熔座为 3 路，第三路熔座不配置熔芯）
可选配件	温度传感器，modem

（3）日常操作

1）更换整流模块步骤。关闭对应槽位的分路交流开关；点按面板上的隐藏把手，把手将自动弹出，定位销将凹进模块底盖。将整流模块后部放入整流器模块卡槽中，扶住面板上把手，将模块缓慢用力推至不动为止，合上模块面板上的把手，模块将被锁定在机柜上。整流模块面板如图2—34所示。

2）监控模块操作面板。监控模块的操作面板如图2—35所示，监控模块有三级密码：用户级密码（默认值：1）、工程师级密码（默认值：2）、管理员密码（默认值：640275）。

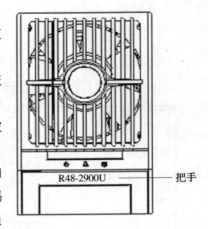

图2—34　整流模块面板

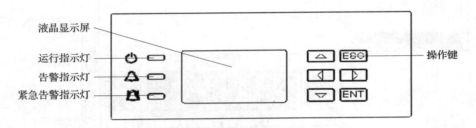

图2—35　监控模块操作面板

（4）常见故障处理

1）交流停电。停电时间不长时，直流供电由电池负担。如果停电原因不明或时间过长，就需要启动油机发电。建议油机发电机启动至少5 min后，再切换给电源系统供电，以减小油机启动过渡过程可能对电源设备造成的影响。

2）模块故障。此时，整流模块面板上的红色发光二极管点亮。切断该整流模块交流输入，一段时间后再重新启动该模块。倘若仍然告警，请更换该模块。

3）模块风扇故障。检查整流模块的风扇是否运行。如果风扇不运行，检查风扇是否被堵住，如被堵住，请清理；如未被堵住或清理后仍无法消除风扇故障，则更换风扇。

4）电池保护。该保护功能的保护机理为：首先检查市电是否停电，当确认交流电中断造成整流器停止工作后，电池电压下降到"电池保护电压"设定值以下时，直流母排上分段的2部分分别通过直流接触器进行脱扣，切断该接触器以下的负载，对蓄电池进行保护。一般低压脱离保护（LVDS）的脱扣设定为二级，第一级为44.5 V，第二级为43.2 V。

2.2.4 铅酸蓄电池

蓄电池（见图2—36）是通信电源系统的重要组成部分，是后备电源，在系统短时间失去市电供给时，可以支撑一段时间，保障通信设备继续运行，避免发生停电事件。

图2—36 蓄电池组

1. 铅酸蓄电池的基本原理

铅酸蓄电池是电极由铅及其氧化物制成，电解液是硫酸溶液的蓄电池。充电状态下，正极主要成分为二氧化铅，负极主要成分为铅；放电状态下，正负极的主要成分均为硫酸铅。

电极反应式为：

充电：$2PbSO_4 + 2H_2O = PbO_2 + Pb + 2H_2SO_4$

放电：$PbO_2 + Pb + 2H_2SO_4 = 2PbSO_4 + 2H_2O$

铅酸蓄电池有2 V、4 V、6 V、8 V、12 V、24 V系列，容量从几安时到3 000安时。VRLA电池是基于AGM（吸液玻璃纤维板）技术和钙栅板的可充电电池，具有优越的大电流放电特性和超长的使用寿命。它在使用中不需加水，维护工作量不大，也称免维护电池。

2. 电池组的基本原理

蓄电池必须成组使用，通信用48 V系统的蓄电池一般为4节12 V电池串联或24节2 V电池串联组成。考虑到维护和更换的方便，一般将蓄电池设置两组，拆除其中1组不影响系统的稳定。由于是串联，其中的任何一个单体的性能下降，都会影响整组的性能。蓄电池最关键的性能指标为容量，整组的容量取决于组中容量最低的单体。

蓄电池组通过直流配电系统的熔丝，与系统的"＋"排和"－"排连接。当整流器工作时，系统供电由整流器供给，当整流器故障或停电时，蓄电池对负载供电。整流器工作时，除对系统供电，还会对蓄电池充电。

3. 电池的工作方式

蓄电池的充电一般有两种方式：浮充和均充。浮充一般用于挂在母排上的蓄电池，在正常运行时，系统电压会对自放电的蓄电池进行小幅充电，一般每单体保持2.23～2.27 V，折合系统电压为53.5～54.5 V。均充是周期性对蓄电池进行活化的充电，每单体保持2.35 V左右，折合系统电压为56.4 V。

铅酸蓄电池的标称电压为 2 V，放电时，一般从 2.23 V 开始下降，经过 2 V 时会相对稳定，随着放电的进行，电压逐步下降，直到不能放出为止。由于放电过深会严重损害电池，造成蓄电池失效，因此会设定放电的最低电压——终止电压，一般为 1.8 V。但由于蓄电池放电的电流不同，终止电压也略有不同，放电电流越大，终止电压越低，放电电流越小，终止电压越高，范围在 1.65～1.8 V。

4．电池的容量

蓄电池的容量单位为 A·h，蓄电池指标中会标明容量。例如 1 000 A·h，但这个容量是出厂时新电池的容量，随着使用时间的推移，容量会下降，行业内规定，容量大于等于 80% 的蓄电池都可以继续使用。

对于给定的蓄电池，其容量会受其他因素的影响：

（1）放电率。以 1 000 A·h 的蓄电池为例，不同放电率下，容量是不同的，不同放电率下蓄电池容量见表 2—2。

表 2—2　　　　　　　　　　　不同放电率下的蓄电池容量

放电率（hr）	1	2	3	4	5	8	10	12	24
容量（A·h）	550	656	750	788	850	952	1 000	1 044	1 128

（2）温度。蓄电池在 25℃下，性能优良，同时寿命也长。温度升高，容量上升，但寿命下降；温度下降，容量下降，寿命影响不大，但严重冰冻会损害蓄电池。

5．蓄电池的电压

蓄电池由于电池的设计、制造和工艺不完全一样，所以会存在差异，例如内阻不同等。由于差异的存在，在充电和放电过程中，电压也会存在差异。依据存在的细微差异，会发现区别于整组特性的单体，这就形成了传统维护中测量电压判别蓄电池好坏的方法。

一般认为，2 V 的蓄电池，由 24 节成组，组内级差（最高与最低）最好在 50 mV 以内。在浮充状态下，单体电压低于 2.18 V 就认为可能存在有问题的电池，由于其电压低，长期浮充会充不足，容量比较难保证。在此情况下可以用均充对其活化，若活化仍不能解决，应进行更换。容量不足的电池，被认为是落后电池，当一组电池中落后电池超过两组，应进行整组更新。

6．蓄电池的维护

蓄电池维护的目的主要是保持蓄电池的容量，因此维护主要以保证容量指标为主，有如下一些维护项目：

（1）月度清洁，检查连接排的接触情况，检查蓄电池是否有漏液、腐蚀等影响运行的情况。测量电压以及时发现整组蓄电池中的异常单体。

（2）季度对蓄电池进行核对性放电——在线放电，深度为30%左右。

（3）年度对蓄电池进行离线放电，测量蓄电池的真实容量。

2.2.5 锂蓄电池

1. 锂蓄电池简介

磷酸铁锂是一种锂离子电池的正极材料，这种电池也称为锂铁磷电池，特色是不含钴等贵重元素，原料价格低，且磷、锂、铁在地球的含量丰富，不会有供料问题。自1996年日本的NTT首次披露 A_yMPO_4（A为碱金属，M为Co、Fe两者的组合：$LiFeCoPO_4$）橄榄石结构的锂电池正极材料之后，1997年美国德克萨斯州立大学John. B. Goodenough等研究群，也报道了 $LiFePO_4$ 的可逆性迁入脱出锂的特性。美国与日本不约而同地发表橄榄石结构（$LiMPO_4$），使得该材料受到了极大的重视，并引起广泛的研究和迅速的发展。

正极为磷酸亚铁锂（$LiFePO_4$）材料的锂离子电池，具有高安全性、高能量密度和优良的循环性能。锂蓄电池有如下特点：

（1）锂蓄电池是无毒、无污染的最佳环保电池。

（2）高安全性，不会因过充、温度过高、短路、撞击而产生爆炸或燃烧。

（3）体积小、质量轻，商品设计结构合理，外形美观。

（4）电池放电系统平台稳定，可做大电流高功率平稳放电。

（5）电池工作温度范围宽，具有耐高热耐低温等高效特性。

（6）循环使用次数高，电池寿命长。

（7）无记忆效应。

2. 锂蓄电池的特性

与传统的锂离子二次电池正极材料尖晶石结构的 $LiMn_2O_4$ 和层状结构的 $LiCoO_2$ 相比，$LiMPO_4$ 的原料来源更广泛，价格更低廉且无环境污染。其工作电压适中（3.2 V），比容量大（170 mA·h/g），放电功率高，可快速充电且循环寿命长，在高温与高热环境下的稳定性高。

锂铁电池与铅酸电池荷电能力对比，如图2—37所示。

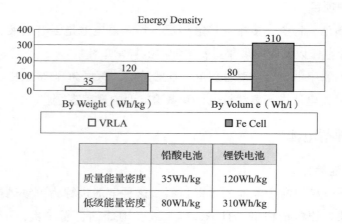

	铅酸电池	锂铁电池
质量能量密度	35Wh/kg	120Wh/kg
低级能量密度	80Wh/kg	310Wh/kg

图2—37　锂铁电池与铅酸电池荷电能力对比

3．派能科技锂蓄电池的应用

（1）−48 V 磷酸锂铁备用电源的结构和功能。Extra 系列磷酸铁锂备用电源主要应用于各类中小型基站、室外一体化基站，并可通过并联组成大容量后备电池系统。专为 19 in 机架设计，适合在通信箱、架内安装使用，体积小，节省空间。共有 4 个型号，其中常用的是 Extra1000 和 Extra2000，如图 2—38、图 2—39 所示，Extra 系列磷酸铁锂电池参数见表 2—3。

图2—38　Extra1000 实物图

图2—39　Extra2000 实物图

表 2—3   Extra 系列磷酸铁锂电池参数

基本参数	Extra1000	Extra1500	Extra1800	Extra2000
输入电压（V）	48	48	48	48
输出电压（V）	48	48	48	48
电池容量（A·h）	25	30	40	50
循环次数（次）	＞2 000	＞2 000	＞2 000	＞2 000
放电电流（A）	25	30	40	50
工作温度（℃）	−20~60	−20~60	−20~60	−20~60
尺寸（mm）	436×365×87	436×365×87	436×365×105	436×365×132
质量（kg）	17.5±0.05	19±0.05	23±0.05	30±0.05
网管接口	RS232	RS232	RS232	RS232

    Extra 系列磷酸铁锂电池的面板功能完全一致，其插件和拨码开关、指示灯位置顺序相同，如图 2—40 所示。

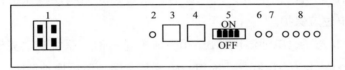

图 2—40   Extra 系列磷酸铁锂电池面板示意图

1）输出电源接插件、排针。

2）关机按钮、单体电池复位键。当电池处于储存、运输等非使用状态时，需按下 Reset 键关机，当设备 10 h 无外接负载和电源时，自动关机。

3）单体级联接口。485 接口。

4）单体上联接口。232 接口。

5）拨码开关。4 位拨码开关，最多支持 16 个单体并联。置上为"ON"，置下为"OFF"。拨码开关定义见表 2—4。

表 2—4   拨码开关定义

编码位				地址	Pack 定义	说明
1	2	3	4			
ON	OFF	OFF	OFF	1	Pack1	Master Pack，可以 RS232 通信
OFF	ON	OFF	OFF	2	Pack2	Slave Pack1
ON	ON	OFF	OFF	3	Pack3	Slave Pack2
OFF	OFF	ON	OFF	4	Pack4	Slave Pack3

6）RUN 灯。绿灯，充电时一直亮，放电时闪烁。

7）ALM 灯。红灯，有故障时亮。

8）电池容量指示灯。4 个绿灯，每个灯表示容量的 25%。容量是 100% 时，4 个灯全亮；容量是 75% 时，左边第 1 个灯灭，右边 3 个灯亮；容量是 50% 时，左边 2 个灯灭，右边 2 个灯亮；容量是 25% 时，左边 3 个灯灭，右边 1 个灯亮。

（2）-48 V 磷酸铁锂备用电源的充、放电。为保证电池使用安全，使电池与主机良好通讯，该电池装配有高性能的电源管理模块，其具备如下功能：

1）过放保护。放电状态下当电量低于 80% 时开始低压告警；电量耗尽后为了保护电池系统启动过放保护，切断放电通道，Extra1000/2000 将不再对外供电。总电压或单体电压恢复到额定回差值范围时，保护解除。

2）过充保护。当电量达到 100% 时，系统启动过充保护。总电压和单体电压恢复到额定回差值范围时，解除过充保护。

3）过流保护。当回路电流大于 5 A 时，系统启动充电过流保护，回路电流大于 30 A，启动放电过流保护。

4）在充电状态下，电池温度超出 -5 ~ 60℃ 范围时，系统启动充电温度保护，切断充电通道，Extra1000/2000 停止充电，恢复额定回差值后保护解除。在放电状态下，电池温度超出 -20 ~ 70℃ 范围时，系统启动放电温度保护，切断放电通道，Extra1000/2000 将不再对外供电，恢复额定回差值范围后保护解除。

-48 V 磷酸铁锂备用电源的充电电压范围是 -56.5 ~ -54.5 V，放电电压范围是 -54.0 ~ -42.0 V。超出范围，将导致过充或过放，影响蓄电池寿命。

（3）常见故障分析与处理。由于该蓄电池结构很简单，又配备了蓄电池管理系统，自动化程度很高，且电池的耐环境能力很强，因此基本不需要进行维护，只需要巡视和检查运行参数即可。遇到异常情况可参阅常见故障处理方法（见表2—5）。

表2—5　　　　　　　　　常见故障处理方法

序号	故障现象	原因分析	排除方法
1	开机后无任何显示	保险丝或电源开关坏	换保险丝或电源开关
2	无直流输出	保险丝烧坏	换保险丝
3	直流供电时间过短	电池容量变小	换蓄电池

2.2.6　后备发电机组

后备发电机组是通信电源系统的重要后备保障，在失去市电供给时，可以进行短时间支撑（一般为数小时），保障通信设备继续运行，避免发生停局事件。

1．后备发电机组的基本组成

后备发电机组由两大部分组成：原动机部分和发电机部分。原动机按照燃料可以分为汽油和柴油两大类，大功率一般采用柴油机，小功率采用汽油机，在基站应急中常用汽油机。

（1）汽油机组成

1）曲轴连杆系统包括活塞、连杆、曲轴、滚针轴承、油封等。

2）机体系统包括缸盖、缸体、曲轴箱、消声器、防护罩等。

3）燃油系统包括油箱、开关、滤网、沉淀杯、化油器等。

4）冷却系统包括冷却风扇、导流罩等。

5）润滑系统二冲程汽油机采用汽油与润滑油组合的混合油润滑与供油系统合用。四冲程汽油机润滑与供油分开，曲轴箱配有润滑油油面尺（机油尺），同时设计有润滑油箱。

6）配气系统四冲程汽油机由进、排气门、摇臂、推杆、挺杆、凸轮轴等组成。二冲程汽油机没有进、排气门，而是在气缸体上开有进气口、出气口和换气口，利用活塞上下运动来开启或关闭各气孔。

7）启动系统有两种结构，一种是由启动绳和启动轮组成，一种是电动马达启动系统。

8）点火系统包括磁电机、高压线、火花塞等。

（2）汽油发电机的组成及作用

1）定子的组成和作用

①定子绕组。主绕组，提供发电机主电源；副绕组，提供励磁电源；检测绕组，提供检测电压；低压交流绕组，提供直流电源。

②定子铁芯。由若干相同形状和槽形的硅钢片叠压焊接而成，作为线圈的骨架和形成磁路。

③槽钎和绝缘纸。起绝缘和固定线圈的作用。

④绝缘漆。起绝缘的作用。

2）转子的组成和作用

①转子绕组。形成磁场。

②转子铁芯。作为绕组骨架和形成磁路。

③转子轴和轴承。用于传动。

④尼龙骨架。绕组骨架。

⑤线圈压板和压板螺钉。起固定压紧的作用。

⑥风扇。起散热的作用。

⑦绝缘漆。起绝缘的作用。

⑧滑环。为励磁回路提供电源的连接通道。

3）调压器的组成和各单元的作用

①调压器的组成。调压器由印刷板、封装盒、出线线束、接插件和相关的电路经封装而成。印刷板电路由开关控制部分、电子开关、信号检测（取样对比）和电压自动保护装置等部分构成。

②各单元的作用

a. 开关控制。将信号电压变为控制电子开关通断的控制电压。

b. 电子开关。控制电压的变化，改变励磁绕组电路通断时间比例的开关装置。当发电机端电压大于标定电压时，电子开关切断励磁电流，使端电压下降，当降至标定电压时又接通励磁回路，从而使得发电机电压稳定。

c. 信号检测。主要对电压信号进行对比控制。

③调压器的作用。调压器实际上是一个电压负反馈器。通过控制励磁线圈中电流的通断时间比例，达到使发电机输出的端电压稳定的目的。在机组中起稳压、调压和自动保护的作用。

2. 发电机组的工作原理

（1）汽油机工作原理。四冲程汽油机的工作过程是一个复杂的过程，它由进气、压缩、燃烧膨胀、排气4个行程组成。

1）进气行程。此时，活塞被曲轴带动由上止点向下止点移动，同时，进气门开启，排气门关闭。当活塞由上止点向下止点移动时，活塞上方的容积增大，气缸内的气体压力下降，形成一定的真空度。由于进气门开启，气缸与进气管相通，混合气被吸入气缸。当活塞移动到下止点时，气缸内充满了新鲜混合气以及上一个工作循环未排出的废气。

2）压缩行程。活塞由下止点移动到上止点，进、排气门关闭。曲轴在飞轮等惯性力的作用下带动旋转，通过连杆推动活塞向上移动，气缸内气体容积逐渐减小，气体被压缩，气缸内的混合气压力与温度随之升高。

3）燃烧膨胀行程（做功行程）。此时，进、排气门同时关闭，火花塞点火，混合气剧烈燃烧，气缸内的温度、压力急剧上升，高温、高压气体推动活塞向下移动，通过连杆带动曲轴旋转。在发动机工作的 4 个行程中，只有这个行程实现热能转化为机械能，所以，这个行程又称为做功行程。

4）排气行程。此时，排气门打开，活塞从下止点移动到上止点，废气随着活塞的上行，被排出气缸。由于排气系统有阻力，且燃烧室也占有一定的容积，所以不可能将废气排净，这部分留下来的废气称为残余废气。残余废气不仅影响充气，对燃烧也有不良影响。

排气行程结束时，活塞又回到了上止点，也就完成了一个工作循环。随后，曲轴依靠飞轮转动的惯性作用仍继续旋转，开始下一个循环。如此周而复始，发动机就不断地运转起来。汽油机工作时，完成进气、压缩、燃烧膨胀和排气一个工作循环，四冲程汽油机需要曲轴转两圈（720°），活塞上、下运动 4 次共四个行程；二冲程汽油机需要曲轴转一圈（360°），活塞上、下运动两次共两个行程。

（2）发电机工作原理。当直流电通过励磁线圈时便产生了磁场（N 极和 S 极），磁力线从 N 极出发，穿过定子和转子之间的空气隙进入定子铁芯，又经过空气隙回到 S 极。当转子在线圈中旋转时，磁力线切割定子线圈，便在其中产生了感应电动势，线圈内感应电动势的大小和线圈的匝数、转速（切割磁力线的速度）以及每极的磁通量成正比。简单地说，就是线圈在交变的磁场中切割磁力线产生感应电动势（电压），在闭合的回路中形成电流（输出电）。

3. 汽油发电机常见故障处理

（1）不来油

1）现象

①内燃机不能发动。

②向化油器内加入少量汽油后，机器即可发动，但很快又停机。

2）原因

①汽油箱内无油。

②油管堵塞。

③油管或油管接头损坏造成严重漏油。

④汽油滤清器长期未清洗或汽油箱未清洗，杂质将油管或滤网堵塞。

⑤化油器进油管接头或接头处滤网堵塞，各油道、主量油孔及主喷管堵塞，三角油针卡在三角针座造成不进油。

3）分析与排除。首先检查汽油箱内是否有油，油开关是否打开。其次寻找油路堵塞的部位，一般采用分段压缩的方法：将油管从化油器上拔下，让拔下的一端低于油箱位置，查看油管是否流油，如果无油流出，堵塞的部位在油管，可用嘴向油管吹气，一般都能流通。若油管流油，堵塞部位在化油器，化油器内部堵塞，可以通过验油杆检查，按下验油杆无油流出，堵塞点在进油口；有油流出，堵塞点在量油孔或喷油管。

堵塞部位确定后，可拆卸化油器，排除故障。装有汽油泵的汽油发动机还可以通过用手泵油判断油路堵塞的部位，如果用手泵油时感到很轻，堵塞点在汽油泵之后；用手泵油时感到很重堵塞点在汽油泵之前。

（2）混合气过稀

1）现象

①机器不易启动。

②启动后，节气门开大时，化油器有回火现象，关小阻风门时有好转。

③转速不稳，功率下降，机温高，排气声音大。

2）原因

①油箱至化油器有部分堵塞或漏油、漏气现象。化油器与进气管、进气管与机体结合不严，造成漏气。

②浮子室油面过低。

③主油针或怠速油针调节不当，主量油孔部分堵塞。

④汽油泵工作不良。

⑤汽油滤清器滤芯太脏。

3）分析与排除。混合气过稀是因供油不足或油路不畅造成的。若化油器有回火现象，可适当关小阻风门，或按下验油杆增加汽油。这时，如果化油器回火现象消失，则说明混合气过稀；机器不能启动或启动困难时（机器的其他部分均正常），可将火花塞拆下，从火花塞座孔中注入少许汽油，加入汽油后若能启动，但启动后又自动停机或阻风门打开后又自动停机时，可以确定混合气过稀。检查时，先检查油箱是否缺油，油路开关是否打开，化油器安装是否平正，化油器与气缸的连接螺钉是否松动，密封垫片是否损坏，主油针是否拧得过紧。装有汽油泵的汽油机启动之前，可通过用手泵油判断汽油泵工作好坏。

（3）混合气过浓

1）现象

①机器不易启动，拆下火花塞可发现电极周围有积碳或汽油。过脏，滤网堵塞。

②排气管冒黑烟，并带有刺鼻的汽油味。

③转速不稳，且不易提高，声音沉闷。

④功率不足，耗油量增加。

2）原因

①阻风门未打开。

②空气滤清器太脏，滤网堵塞。

③浮子室油面过高。

④主量油孔因磨损增大，主油针外旋太多，浮子破裂下沉。

⑤三角油针关闭不严，油针座没有拧紧，垫片破裂。

3）分析与排除。混合气过浓时，调整主油针，如果没有明显的效果，再拆去空气滤清器滤网，看机器工作是否好转。上述做法均无效时，最后再拆化油器检查浮子室油面和量孔。

4．发电机与系统的连接和使用

由于移动式发电机一般用于应急，所以应该在基站的蓄电池后备时间内抵达现场，完成线缆连接和开机调试、供电转换工作。在具体操作中，应注意以下事项：

（1）基站应具备流动油机的接头箱，箱体的位置应方便连接线缆，内部铜排应能承受运行电流。

（2）油机运行期间，由于需要进新鲜空气和排废气，现场应能提供良好的通风环境，避免人员窒息。

（3）三相电应保证相序正确，N 线必须连接牢靠。单相的零线和火线不能接反。

（4）线缆连接桩必须紧固，避免局部高阻发热。

（5）正常供电前应估算用电设备容量，不能超载。设备应分步启动，大负载和冲击性负载先启动。

（6）在油机供电时，必须保证系统与市电隔绝，避免油机电反侵电网，造成事故。建议在油机接头箱上设置互锁装置。

（7）环境温度、湿度应满足发电机的标称，避免过热停机或漏电伤人。

（8）发电期间应专人值守，禁止在线加油。

（9）流动油机每月应进行保养、试机，确保应急时可以使用。

2.2.7　防雷接地系统

1．防雷接地的基本知识

（1）防雷的重点。防雷和接地是息息相关的，一般组合电源机房均采用联合接地方式，让机房内部所有的设备都接在同一个地上，利用水涨船高的原理，避免雷击带来大电压引起设备损坏。

防雷单元的凯文接法也是一项很重要的措施，可以避免导线的电感产生雷击感应使电压叠加到设备上，引起设备损坏。当前基站防雷措施主要是增加防雷单元和可靠接地。防雷的重点如下：

1）防止雷电进入设备或者机房内部。

2）雷电进来后，需要最大限度地泻放至大地，从而避免给机房设备带来破坏。

（2）防雷的等级。一般从变压器端到设备有 4 级防雷体系，分别为 A、B、C、D 4 级。

1）A 级防雷为变压器侧的防雷单元，主要目的是过滤室外引线的雷击。

2）B 级防雷为机房入口配电箱处的防雷器。B 级防雷器的参数要满足标准的规定，B 级防雷器 L、N、PE 线的连线长度需小于 0.5 m 或采用凯文接法，引线过细、过长会影响防雷效果。

3）C 级防雷指的是组合电源内部交流配电部分的防雷单元。C 级防雷是基于对组合电源以及其后级的保护和浪涌电流的泻放。

4）D 级防雷主要是针对整流器采用的防雷单元，其作用和 C 级类似，是对 C 级防雷的补充加强。

（3）防雷等级见表 2—6。

表 2—6　　　　　　　　　　　　防雷等级表

环境因素 \ 气象因素			雷暴日（日/年）			安装位置
			< 25	25 ~ 40	≥ 40	
交流第一级	城区	有不利因素	60 kA	80 kA		交流配电箱
		无不利因素	60 kA			
	郊区	有不利因素		80 kA	100 kA	
		无不利因素	60 kA			
	山区	有不利因素	100 kA	120 kA		
		无不利因素	80 kA			
交流第二级		—	40 kA			开关电源
直流保护		—	15 kA			视具体情况

（4）避雷器的凯文式接法。避雷器的传统接线法就是在交流配电箱（图中的 A 点）把相线和中性线接入避雷器 SPD，再把避雷器的输出接入接地母排（图中的 B 点），并不特别在意输出线 $L2$ 的长度。而凯文接线在防雷上是 SPD 的接线形式，如果 SPD 的接线距离等于零，就是标准的凯文接线，凯文接线的优点是可以消灭接线电缆上因雷电电流通过自身的寄生电阻和电感产生的电压降，从而避免电压降附加给被保护负载，这也是国际和国家标准的要求。传统接线法和凯文接线法如图 2—41、图 2—42 所示。

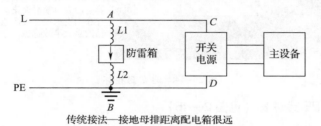

图 2—41　避雷器的传统接法

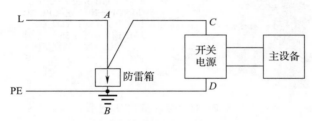

图 2—42　避雷器的凯文式接法

2．基站常见防雷接地问题

（1）避雷器空气开关跳闸（见图 2—43）

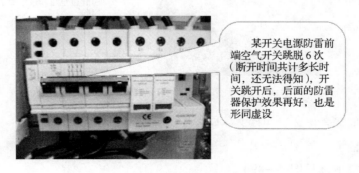

图 2—43　避雷器空气开关跳闸

（2）避雷器损坏（见图2—44）

模块已裂开鼓起。不是故障品，就是劣质产品

NPE模块放电时，容易沿裂口喷射火花，存在引发火灾、破坏通信的重大事故隐患

图2—44　避雷器损坏

（3）防雷箱PE线过长（见图2—45）

防雷箱PE线长度为2.5 m。GB 50057—2010、GB 50343—2012建议PE线长度小于0.5m；YD 5098—2005建议小于1.5m
建议：改为凯文接线方式

图2—45　防雷箱PE线过长

（4）架空线进线（见图2—46）

光纤、电源线全程架空2.5km，引入基站。存在直击雷、雷电感应引起过电压和过电流的风险

图2—46　基站架空线进线

（5）未采取联合接地（见图2—47）

（6）馈线接地（见图2—48）

（7）行架接地（见图2—49）

（8）光缆加强芯接地（见图2—50）

图 2—47　未采取联合接地

图 2—48　馈线未采取 3 点接地

图 2—49　行架未用扁平铜缆可靠连接

图 2—50　光缆加强芯未接地

(9) 布线混乱（见图2—51）

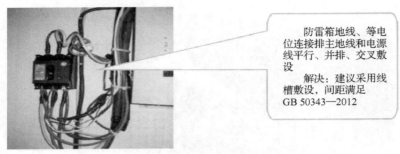

防雷箱地线、等电位连接排主地线和电源线平行、并排、交叉敷设

解决：建议采用线槽敷设，间距满足GB 50343—2012

图2—51　防雷箱布线混乱

(10) 建筑、房屋无防雷（见图2—52）

机房技术墙体、金属门未做接地处理

解决：进行接地处理（YD 5098—2005　6.5.5）

图2—52　建筑未进行整体等电位连接

2.3　机房空调

为确保机房内的通信设备正常运行，机房空调成为必须配备的环境设备。机房空调可以保证机房内的温度、湿度、洁净度和气流的速度满足要求，使通信设备不受外界因素的影响，保证运行良好。不同的设备对环境的要求也略有不同。基站运行环境温度设置见表2—7。

表2—7　　　　　　　　　　　基站运行环境温度设置

无线设备厂家	运行环境温度	运行环境湿度	6载频及以下基站空调配置建议	6载频及以下基站空调运行设置
Motorola	−5～45℃	5%～95%	1台普通单冷局部空调	5—10月，设置在制冷状态，温度设定为28℃；其余时间，关闭空调设备
Alcatel	−5～45℃	5%～95%		
Nokia	−5～50℃	5%～95%		

续表

无线设备厂家	运行环境温度	运行环境湿度	6～12 载频 基站空调配置建议	6～12 载频 基站空调运行设置
Motorola	−5～45℃	5%～95%	视基站实际配置和运行环境，配置 1～2 台普通单冷局部空调，设置两台空调间的自动轮换工作控制装置	5—10 月，设置在制冷状态，温度设定为 28℃；其余时间，视基站实际配置和运行环境，关闭 1 台或 2 台空调设备，最多只允许一台空调运行，设置在制冷状态，温度设定为 28℃
Alcatel	−5～45℃	5%～95%		
Nokia	−5～50℃	5%～96%		
无线设备厂家	运行环境温度	运行环境湿度	12 载频及以上 基站空调配置建议	12 载频及以上 基站空调运行设置
Motorola	−5～45℃	5%～95%	配置两台普通单冷局部空调，设置两台空调间的自动轮换工作控制装置	5—10 月，设置在制冷状态，温度设定为 28℃；其余时间，视基站实际配置和运行环境，保证一台空调运行，设置在制冷状态，温度设定为 28℃
Alcatel	−5～45℃	5%～95%		
Nokia	−5～50℃	5%～97%		

基站环境有如下要求：

第一，机房的环境温度、湿度应保持在规定的范围内，当机房内设备周围温度超过规定上限 2℃、湿度超出规定区域 ±10% 时，应引起值班人员的足够重视，尽快查明原因；机房（除传输配线机房、电力机房等）设备周围温度超过 30℃时，应尽快采取应急降温措施（包括应急通风、机冰制冷、强制降温等）。

第二，强调要求做好机房遮光、密闭措施，确保机房封闭运行。

第三，对于运行环境温度、湿度要求相差较大的不同种类的通信设备，建议分别安装在独立分隔的机房；对于开间面积较大的机房，不同环境要求的通信设备安装区、设备区和空闲区应做适当隔断。

第四，机房空调送风管道、送风口的设计和冷却风道的组织，应根据机房通信设备的排列布局、设备自身通风设计和散热量大小等因素，由专业设计单位进行全面设计，防止空调回风短路或机房局部热负荷过高。

第五，对于配置普通局部型空调机组的机房，日常运行应根据机房热负荷状况和环境温度，及时调整空调的温度设置。

第六，机房空调一般均应运行在制冷状态，禁止制热。

2.3.1　空调系统的组成

机房用空调系统与民用空调原理相同，只是为满足机房的特殊指标进行了调整和改进。主要的功能有制冷、加热、加湿、除湿、遥控、自动复位等。

机房用空调由下列部分组成：

1．制冷系统

制冷系统是空调制冷的主要部分，由压缩机、冷凝器、蒸发器、节流机构组成，是一个密封的闭式循环系统，内部充注氟利昂。

2．风路系统

风路系统主要由风机、过滤网和风道组成，其作用为使空气进行循环换热。

3．电气系统

电气系统包括压缩机、风机的动力驱动配电和控制部分配电，以及信号传递和部件控制。

4．箱体和结构

箱体和结构就是空调的框架，包括面板等，是空调的支撑结构。

2.3.2　压缩制冷的基本原理

压缩制冷的原理如图2—53所示，是利用制冷剂在低温下沸腾吸热，由于沸腾吸热时的温度低于制冷对象的温度，制冷对象的热量就传递给了制冷剂，制冷对象的温度就降低了。通过压缩机做功，使吸热后的制冷剂温度和压力升高，高于环境温度，这时，制冷剂就可以把热量传递给环境。再通过节流降压，制冷剂又重新在低温下沸腾吸热。这个过程不断循环，就可以持续不断制冷。

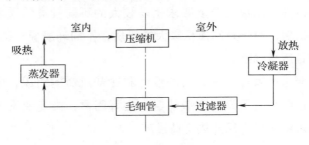

图2—53　压缩制冷原理

目前，大多数小型机房空调采用涡旋压缩机，如图 2—54 所示，其独特的设计使其成为节能压缩机。涡旋压缩机主要运行件涡盘只有旋转没有磨损，因此寿命很长，被誉为免维修压缩机。涡旋压缩机运行平稳、振动小、工作环境宁静，又被誉为"超静压缩机"。涡旋压缩机结构新颖、精密，具有体积小、噪声低、质量轻、振动小、能耗小、寿命长、输气连续平稳、运行可靠等优点。

图 2—54　涡旋压缩机实物

涡旋压缩机包括以下部分：驱动轴，可向顺时针或逆时针方向进行旋转，并具有既定大小的偏心部；气缸，形成既定大小的内部体积；滚轮，接触于气缸的内周面，并可旋转安装于偏心部的外周面，可沿着内周面进行滚动，并与内周面一同形成用于流体的吸入及压缩操作的流体腔室；叶片，弹性安装于气缸，使其与滚轮持续进行接触；上部及下部轴承，分别安装在气缸的上下部，用于旋转支撑上述驱动轴，并封闭内部体积；机油流路，设置于轴承及驱动轴之间，并使其之间有均匀流动的机油；排出端口，连通于流体腔室；吸入端口，连通于流体腔室，并相互以既定角度进行隔离；阀门组件，根据驱动轴的旋转方向，选择性开放各吸入端口中的一个吸入端口。涡旋压缩机工作原理如图 2—55 所示。

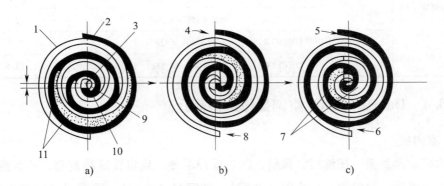

a)　　　　　　　　　　b)　　　　　　　　　　c)

图 2—55　涡旋压缩机工作原理

a) 吸气结束　b) 压缩行程　c) 排气行程

1—定圈　2—动圈　3—动圈涡旋中心　4、5、6、8—制冷剂气体　7—最小压缩容积

9—排气口　10—动圈涡旋中心　11—开始压缩容积（最大容积）

2.3.3 机房常用的空调

目前基站中使用的空调（见图2—56），大部分为大金的柜式空调、艾默生的 DataMate3000 系列空调、加力图空调以及其他一些 3~5P 的民用柜机或挂壁式机组，例如海尔、格力等。

P（匹）是一种非标单位，只在业界简单沟通时使用，1P = 2 500W 的冷量。机房的热量可以通过计算得到，通信设备的电压与电流的乘积即为设备的发热功率。机房空调的冷量应大于设备的总发热量。

艾默生 DataMate3000（S）系列空调外形尺寸与质量见表2—8。

图2—56 基站中使用的空调

表2—8　　　　　艾默生 DataMate3000（S）系列空调外形尺寸与质量

机型		型号	宽×深×高（mm）	重量（kg）	标称制冷量（kW）
DataMate3000（S）	室内机	DME05W	510×386×1 740	80	5.5
		DEM07W	510×386×1 740	85	7.5
		DME07M	600×550×1 900	150	7.5
		DME12M	600×550×1 900	160	12.5
	室外机	DMC07W	702×408×626	34	7.5
		DMC12W	702×408×1 238	58	12.5

2.3.4 DataMate3000 空调操作维护简介

1. 室内机

室内机由蒸发器、压缩机、风机、微处理控制器、风机转速控制器、热力膨胀阀、视液镜、过滤器、过滤网、加热器（选配）、加湿器（选配）、防雷器（选配）等主要部件组成。DataMate3000 系列室内机结构如图2—57 所示。

（1）蒸发器。采用高效翅片管换热器。针对具体机型对分配器进行设计和验证，保证制冷剂在每个回路分配的均匀性，极大地提高了换热器的利用率。

（2）压缩机。采用高能效比压缩机，具有振动小、噪声低、可靠性高等特点。

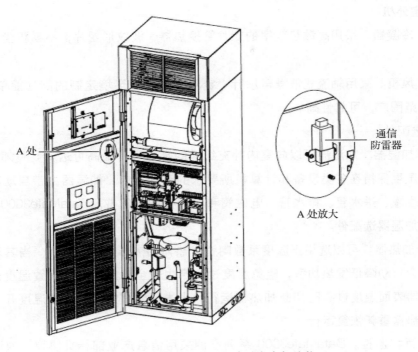

图2—57　DataMate3000系列室内机结构

（3）风机。采用高效率、高可靠性的离心风机，具有大风量、送风距离远、直联传动、维护方便等特点。

（4）微处理控制器。提供操作便捷的用户界面。具有多级密码保护、掉电自恢复、高/低电压保护、缺相保护和逆相时自动进行相序切换等功能。专家级故障诊断系统，可以自动显示当前故障内容，方便维护人员进行设备维护。

（5）风机转速控制器。通过采集制冷系统的高压信号来调节室外风机的转速，控制室外机的风量，保证系统的稳定运行。

（6）热力膨胀阀。采用外平衡式热力膨胀阀，同时获取温度和压力信号，精准调节制冷剂流量。

（7）视液镜。通过视液镜可观察制冷剂的状态，检测系统的水分含量。当系统含水量超标时，其试纸底色由绿色变为黄色。

（8）过滤器。用于过滤由于系统长期运行所产生的杂质，保证系统的正常运行。

（9）过滤网。DataMate3000标准系列过滤网采用粗效无纺纤维过滤材料，DataMate3000（S）系列过滤网采用高分子吸尘过滤材料。结构紧凑，维护方便。

2．室外机

（1）冷凝器。采用高散热效率的翅片管换热器，波纹形翅片，不易积尘，清洗和维护方便。

（2）风机。采用轴流式低噪声扇叶。针对基站电网环境定制的高性能单相电机，适用电压范围广，可靠性高。

3．选配件

（1）加湿器。加湿器可以向室内补充纯净的水蒸气（最高可达 2.5 kg/h），从而使室内的湿度保持在各类设备和计算机所要求的范围之内。加湿器由带自动冲洗控制的蒸汽发生罐、进水管、排水管、电磁阀和蒸汽分配器组成。DataMate3000（S）系列空调无加湿器选配件。

（2）加热器。可以选用正温度系数陶瓷发热体加热器，安全可靠。当其表面温度过高时，会自动降低发热功率，避免温度过高产生安全隐患。表面配置温度开关，可以在加热器表面温度过高时切断加热器运行；当表面温度恢复时，该温度开关自动恢复，使加热器重新恢复运行。

（3）远程监控。DataMate3000 系列空调采用信息产业部标准协议。通过配置的RS485 接口，与后台计算机通信，并接受后台软件的控制。

（4）节能卡。DataMate3000 系列空调通过机柜外部布置节能卡来监测室内的最高温度。节能卡布置在热负荷较大、温度较高处。该空调最多可以布置 4 个节能卡。当所有节能卡测量的温度值都低于"休眠温度"设定值且此时只有内风机需要运行时，如果"休眠模式"设置为"允许"，则空调将关闭室内风机，进入休眠模式，以达到节能的目的。

（5）电源防雷器和通讯防雷器

1）电源防雷器用于单相（或三相）交流电源的第二级（C级）雷电过电压保护。维护方便，具备状态指示和告警功能。

2）通信防雷器用于保护 RS485 通信信号传输电路，使其免受雷电感应过电压、电源干扰、静电放电等所造成的损坏。

4．系统操作

DataMate3000 室内机操作面板位于设备前部，为简单按键和液晶屏，如图2—58所示。系统密码为 0001，进入系统后按照中文菜单操作。各按键的功能定义如图2—59 所示。

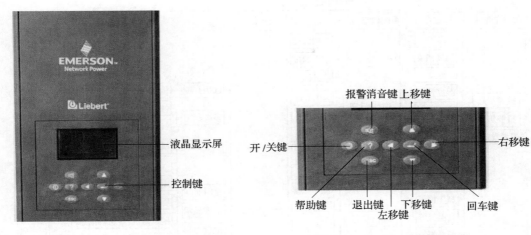

图 2—58　DataMate3000 室内机
操作面板

图 2—59　DataMate3000 室内机
操作面板按键

液晶显示屏为中文菜单，蓝色背光。在系统正常运行时，显示屏显示当前室内温度和湿度（用户可选择是否显示湿度）、设备输出状态（制冷、加热、除湿、加湿）、机组属性（单机、主机、备机）、机组运行状态（运行、待机、锁定）、报警信息及当前时间等。操作菜单的内容如图 2—60 所示。

5．系统维护

空调设备需要进行日常维护，以确保其运行正常，常规维护项目有：

第一，清洁室内机滤网。

第二，检查并修补冷媒管保温层。

第三，检查电源电压及电源线连接。

第四，检查空调的自启动功能。

第五，清洁室外机冷凝器、检查排水管是否畅通。

第六，检查制冷管道的连接螺母，是否漏氟。

第七，检查和清洁室内机蒸发器翅片。

第八，检测冷媒的压力是否足够。

（1）过滤网。过滤网属于日常维护易耗部件，其更换周期与机房密封状况和清洁状况有着直接的关系。为保证设备正常有效地运行，过滤网应该每月检查一次，并在清洁状况较差时更换或清洗（S 系列室内机过滤网可清洗，标准系列室内机过滤网不可清洗）。标准系列室内机的过滤网安装在空调机组的正面。打开前门，无须借助工具即可直接取出过滤网。

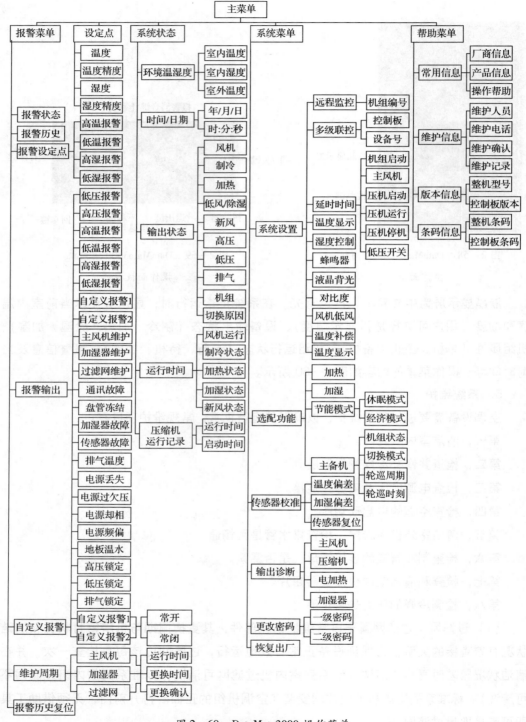

图2—60　DataMate3000 操作菜单

（2）风机。风机组件每月检查内容包括马达工作状态、风机叶轮状态、风机组件的固定、风机与叶轮的配合间隙等。马达轴承、风机叶片的工作状态应每月检查，发现破损叶片应及时更换风机叶轮。检查叶片是否牢固地固定在马达转子上，叶片转动时是否会摩擦附近的钣金件。风机组件工作特性为 24 h 不间断连续运转，若有任何异常的气流通道阻塞因素都应及时予以排除，避免风量降低对制冷系统及其他系统组件的危害。

（3）压缩机。压缩机故障一般分以下两类：

1）电动机故障（如线圈烧毁、绝缘破坏、匝间短路等）。

2）机械故障（如压缩失效、泄压阀故障、热敏碟故障等）。

如果运行压力无法建立，则表明压缩机失效；吸气压力与排气压力启动后维持平衡状态，在排除反转的原因后，也可以确定为压缩机失效。空调机组控制系统有着较强的告警功能和保护功能，以保证压缩机的运行安全。在周期性的维护和检测过程中，维修人员应记录高低压力值并及时确认故障告警保护的原因。

（4）风冷冷凝器。室外机空气流动受到阻碍时，可使用压缩空气或翅片清洗剂（弱碱性）清洗冷凝器，去除阻碍空气流动的尘土杂物。采用压缩空气清洗翅片时，吹洗方向应为逆气流方向。冬季应避免积雪堆积至冷凝器的周围。检查翅片是否有倒片或损坏现象，如有必须进行必要维修。检查所有制冷管路及毛细管路是否有振动，如有必须进行加固。仔细检查所有制冷管路附件是否有油迹，从而确定泄漏位置。

同时，由于室外机会产生噪声影响周边居民，造成投诉等社会事件，因此需要对噪声问题进行管理和控制。可以采用低噪声的风机，也可以进行降噪处理，使其不超过国家标准。影响居民的噪声标准见表 2—9。

表 2—9 影响居民的噪声标准

环境条件	类别	昼间（分贝）	夜间（分贝）
疗养区、高级别墅区、高级宾馆区	0	50	40
居住、文教机关为主的区域	1	55	45
居住、商业、工业混杂区	2	60	50
工业区	3	65	55
道路交通干线、道路两侧	4	70	55

6. 常见故障及处理

常见故障及处理措施见表 2—10。

表2—10　　　　　　　　　　　　常见故障及处理

故障现象	可能原因	处理措施
设备不启动	设备未接通电源	检查设备输入电压
	控制电压的断路器已开路（变压器上）	查找短路并复位断路开关
	冷凝水泵水位过高，水位开关继电器闭合	检查排水管机管路是否阻塞或冷凝水泵是否损坏
	跨接电缆位置不对	检查接口板跨接电缆
不制冷	压缩机接触器接触不良	检查接口板 D4 端口电压是否为（24±2）VAC，如果是，检查接触器本体
	压缩机排气压力过高	参考高压报警项的检查和维修说明
	过滤器堵塞	清洗或更换过滤器
	制冷剂充注量过少	用复合压力表检查压力，观察视液镜有无明显气泡
高压报警	冷凝风量不足	清除盘管表面或附近空气入口处的杂质，检查风机转速控制器的调速性能
	冷凝风机不转	检查风机转速控制器接线是否松脱，检查室外机接线是否松脱，检查风机转速控制器 L1 是否有输出，检查冷凝压力传感器是否正常
加热失效	选配功能菜单未设置加热选配功能	设置加热选配功能
	控制系统无加热需求输出	调节温度设定值灵敏度至所需的范围
	加热元件损坏	关闭电源，用万用表检测加热元件的阻值
显示异常	静电干扰	发生该现象时，将系统断电，再开机
	按键板与控制板连接松动	断电后紧固两板连接，再重新上电
无显示，按键无反应，设备运行正常	按键板与控制板的输出中断	检查按键板与控制板的连接
	按键板故障	更换按键板
无显示，按键无反应，设备所有输出关闭	电源电压低	检查电源电压
	控制板与接口板通信中断	检查控制板与接口板的连接
低压报警	制冷剂泄漏	查找漏点，并补充制冷剂
	室外环境温度过低	与当地维修工程师联系处理
	室外环境温度低的情况下室外风机仍全速运转	检查风机转速控制器 L1 是否与 L 导通；检查冷凝压力传感器与风机转速控制器的连接是否松脱

续表

故障现象	可能原因	处理措施
高温报警	高温报警设定值不合理	重新设定高温报警值
	室内负载超过设备设计能力	检查房间密封或者进一步扩容
低温报警	低温报警设定值不合理	重新设定
	加热器工作电流不合适	检查加热器工作状态
高湿报警	高湿报警设定值不合理	重新设定
	房间未进行隔潮处理	检查环境的隔潮处理
低湿报警	低湿报警设定值不合理	重新设定
维护报警	维护周期到	对相应部件进行维护并重置报警

2.4 基站节能

人类社会的发展就是对能源需求的发展，需求无限扩大造成供应紧张，矿石能源面临枯竭。人类无节制的耗能和污染，使全球气候急速变化，引起各方高度重视，节能减排已经成为国家的战略。我国从 2006 年的"十一五"计划开始，就对企业有明确的节能减排指标。

我国通信业务发展迅猛，截至 2010 年年底，手机用户已达 8 亿、移动通信基站达到 140 万座；固网用户 2.3 亿，宽带用户 1.42 亿；全国大型数据中心有 550 家以上，约 10 万个数据机架。通信运营业的电力消耗达 300 多亿度，综合能耗折 440 万吨标准煤，为"十五"初期的 1.85 倍，并且上升势头明显。通信业已经成为需要节能减排的重要领域。

为此，各种节能技术和措施都尝试在通信领域进行实验和实际应用。由于各种技术的特点和适用条件不同，因此节能的效果也不尽相同。以下主要介绍一些已经实际使用的应用技术。由于供电系统的效率较难提高，因此大部分为空调方面的节能减排技术和措施。

2.4.1 使用机房专用空调

基站机房小，对环境的要求略低于其他通信机房，同时由于投资等方面的原因，一般采用商用空调甚至是民用的挂壁空调。但这种做法是错误的，因为机房专用空调与普通舒适性空调是有很大区别的：

1. 应用对象不同

机房专用空调就是为机房设备提供恒温恒湿的运行环境的,而普通舒适空调都是直接服务于人的,它们的设计理念和功能完全不同。设计理念最大的区别在于,机房专用空调是大风量,小焓差,高显热比;普通舒适性空调刚好相反,是小风量,大焓差,低显热比。显热比(sensible heat factor,SHF)的概念是显冷量与总冷量的比,即空调用于降温与除湿降温冷量和的比值。通常情况下,一台空调机的总制冷量有两部分,一部分用于降温,称为显热制冷量,还有一部分用于除湿,称为潜热制冷量。一台普通舒适性空调在应用时60%多的制冷量是在降温,剩下30%多的制冷量是在除湿。普通舒适性空调为了保证低噪声、低风量、舒适度,当条件适合,往往会处在除湿的工作状态,夏季空气湿度大时特别明显。而机房专用空调的显热比一般都会在90%以上。普通舒适性空调不适合在机房使用的原因之一就是机房没有湿气来源,一方面原因是因为机房密封性好,另一方面就是机房设备不会像人一样散发水蒸气。

2. 机房专用空调的风量很大

例如,机房专用空调在IDC机房里的换气次数普遍大于30次,即每2 min机房的全部空气会被处理一次。普通舒适性空调的风量则很小,普通舒适性空调的换气次数一般为5~10次。这是因为机房的高热量需要大风量迅速循环,迅速带走设备的高热量,而且要保持机房内空气指标的一致性,减少室内空气的参数梯度。普通舒适性空调的小风量和降低噪声设计则是考虑了人的舒适度,但无法保持机房温度均匀,局部环境容易过热,导致机房电子设备故障增多。

3. 机房专用空调的出风温度比普通舒适性空调高

机房专用空调的高出风温度设计可以避免凝露,避免凝露造成的冷量损失,有效避免室内湿度降低,机房专用空调送风温度一般在13~15℃。而普通舒适性空调因为风量小,又必须送出额定的冷量,所以送风温度会明显低许多,送风温度一般为6~8℃,经常会在蒸发器上造成凝露,蒸发器的腐蚀情况也比较严重。送风温度低,对靠近空调出风处的设备也是极其不利的,会导致设备结露等问题。另外,普通舒适性空调基本没有加湿功能,只能除湿,但是机房专用空调的标准配置中含有加湿器。

4. 控制精度的区别

机房专用空调温湿度控制可以达到温度±1℃,相对湿度±3%RH的高精度,洁净度严格按照美国ASHRAE52-76标准设计,达到0.5 μm/L<18 000(B级),配合以大风量循环,性能上完全满足要求,保障机房洁净。普通舒适性空调温度调节精度为±3℃,但由于机房内的温度场不均匀,仅能保证空调近端设备处的温度;普通舒适性

空调无湿度控制，只能除湿，没有加湿功能，对湿度几乎是完全失控的；普通舒适性空调只具备简单的过滤功能，其过滤器的过滤效果根本无法达到机房的要求。

5．机房专用空调能够适应室外温度变化的要求

机房专用空调可以在 −40 ~ +45℃ 区间保证 24 h 正常工作，包括降温和升温。在中国北方地区冬季气温非常低，在南方地区夏季气温又非常高，在这种情况下机房专用空调仍旧可以正常工作，为机房制冷控温。机房的特点是发热量大，冬天、夏天没有本质的区别，即使在冬季也需要制冷。而普通舒适性空调在 −5℃ 的环境下就没有办法正常工作了。

6．电源方面的区别

普通舒适性空调一般只能适应正常电压范围的 ±10%，采用单相的机房专用空调可以适应正常电压范围的 ±15%，三相的可以实现 ±20%。而且机房专用空调有延时启动功能，有效地避免了机房所有设备同时启动，空调也同时启动可能对前端的开关造成的冲击。

7．可靠性和寿命的区别

普通舒适性空调设计选材可靠性差，空调维护量大，寿命短。机房专用空调机组则是根据机房要求设计，自身有多重保护系统，经过严格的生产工艺和测试，设备的故障率很低，隐患很少。普通舒适性空调 24 h、365 天运行，寿命不会超过三年，而且故障率比较高。机房专用空调全年 8 760 h 连续运行，其寿命不低于 8 年。相比之下，品质和可靠性上的区别相当明显。

8．普通舒适性空调的能耗经济性较差

从运行成本上看，在发挥同样制冷效果的前提下，普通舒适性空调的耗电量是机房专用空调耗电量的 1.5 倍。机房专用空调选用的工业等级压缩机能效比高达 3.3 以上，而普通舒适性空调目前业界选用的高等级压缩机能效比约 2.9，同时考虑到其他设计差异，如显热比指标，普通舒适性空调比同容量的机房专用空调耗电量大很多，不仅增加使用成本，也浪费能源。同时普通舒适性空调因为考虑人的健康需求，需要最低每人 40 m³/h 的新风，而机房专用空调运行中较少引入新风。新风耗费的冷量是很大的。

2.4.2 蓄电池恒温柜

蓄电池恒温柜是专为蓄电池控温而设计的新型恒温装置，如图 2—61 所示。通过恒温箱为蓄电池提供一个最适宜的局部恒温空气环境，使机房或基站内其他电子设备（对温度要求不高）减少空调需求，从而大大降低机房或基站空调能耗。

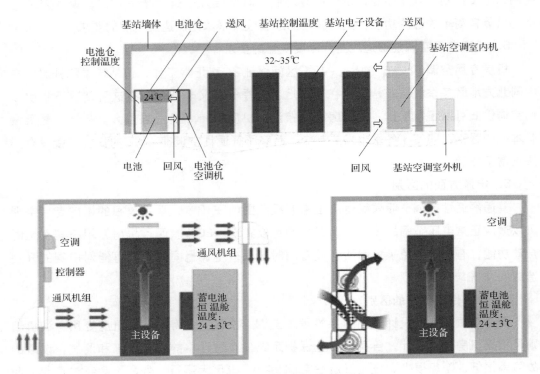

图2—61 蓄电池恒温柜的现场应用示意

该设备可以采用一体化结构，也可以采用拼装结构，方便运输和组装。这个系统全部集成在箱体内部，可以拆散组合。

1. 蓄电池恒温柜功能及技术指标

蓄电池恒温柜的系统设计寿命大于10年，满足电信级要求，能够7×24 h连续不间断运行。恒温箱系统主要有以下功能：

（1）采用独立的蓄电池温控舱，并将舱内温度控制在25℃左右。

（2）蓄电池舱具有高、低温告警功能。

（3）蓄电池舱故障告警选装功能，当检测到温控系统发生故障时发出故障告警信号。

（4）蓄电池舱能兼容放置多厂家、多规格型号的蓄电池。

（5）蓄电池舱控制系统提供排氢新风选装机构（内外空气交换循环）。

（6）蓄电池舱内具有完善的气流组织，保证蓄电池舱内各电池温度恒定、一致。

（7）蓄电池舱提供防盗选装功能，柜门带有门磁传感器，在未授权下开门会触发高音警号报警，同时通过 RS485 接口向中心报告。

2．性能参数

（1）保温性能。恒温箱六面具有保温材料层。在供电中断，恒温箱外部环境温度为 35℃，且恒温箱内部无发热源时，恒温箱内部 6 h 时间内温升不超过 5℃。

（2）防护等级。室内型恒温箱防护等级满足 IP45，室外型恒温箱防护等级满足 IP55。

（3）维护方便。恒温箱舱门可以方便打开（或拆卸），方便维护，维护空间深度小于 800 mm。恒温箱系统支持在基站不断电条件下对蓄电池进行在线维护。

（4）安全性能。系统具有排氢装置，安全性满足防爆能力和防酸雾能力的相关要求。

（5）保护接地。舱体、恒温箱内部结构和设备需采用等电位连接方式，各连接处的阻抗小于 0.1 Ω，蓄电池支架上应提供不小于 M6 的保护接地端子。

（6）材质及材料。恒温箱舱体的板材和组合结构综合保温性能好，材料为不燃等级的 A1 或 B2 级。

（7）功耗指标。安装一组 48 V/500 A·h 蓄电池组的恒温箱，最大运行功耗 400 W，长期运行平均功耗小于 100 W；安装一组 48 V/1 000 A·h 蓄电池组的恒温箱，最大运行功耗 500 W，长期运行平均功耗小于 175 W。

2.4.3　智能换热器

1．智能换热器基本原理

智能换热器系统利用空气—空气热交换器原理，充分利用外界冷空气，在完全隔离外界空气的粉尘、潮气的基础上，对内部环境进行散热，从而达到节能降耗的目的，如图 2—62 所示。现场安装智能换热器系统需要开墙洞，如图 2—63 所示。

智能换热器系统由内循环风机、外循环风机、热交换器芯体以及智能控制器 4 部分组成。

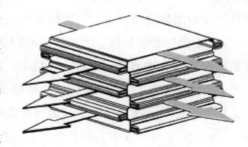

图 2—62　空气—空气热交换器原理

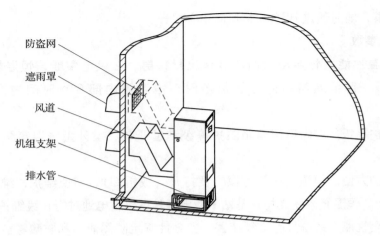

防盗网
遮雨罩
风道
机组支架
排水管

图 2—63　智能换热器现场安装示意

2. 智能换热器系统功能

（1）散热（开/关）。智能换热器根据当前机房内外的温度以及设定温度，确定开启状态。当室外温度低于室内温度，智能换热器自动开启，可以为机房提供高效的散热功能。当室外温度高于或等于室内温度时，即使室内温度高于设定温度，智能散热器也不会开启，以避免为机房带来额外的热负荷。

（2）加热（选配）开/关。如果在冬季，机房可能需要额外进行加热，以维持空气的温度在主设备安全温度范围内，智能换热器提供加热器选配，保证机房温度。

（3）模式及其他设置。机组有两种运行模式：模式 1 和模式 2。模式 1 为小空间模式，对于一些机房，空间比较小，智能换热器距离主设备比较近，在温度低于设定温度的情况下，为进一步节能，内外风机都将停止运转。模式 2 为大空间模式，在温度低于设定温度的情况下，会运行室内风机，保证机房内部温度均匀。

1）空调控制的设置。考虑目前机房内的配置基本采用 1+1 主备运行模式，空调控制的设置有 5 种选择：单机、主机 1、主机 2、主备、独立。

2）单机模式。机房内发热很小的情况下，可以只让智能换热器工作，在这个模式下，空调被控制器强制关闭，只运行智能换热器。

3）主机 1 模式或者主机 2 模式。只控制其中一台空调，将连接对应接口的空调设置为主机 1 或主机 2，这样只控制相应的空调。

4）主备模式。同时控制两台空调，这个模式下，智能换热器会根据内部温度的变化，决定开一台空调还是开两台空调。在开一台空调期间，可以自动平均两台空调的运行时间，从而延长机组寿命。

5）独立模式。根据机房内空调的配置，不控制空调，空调器根据自身的设定工作，智能换热器自动控制内部温度。

6）相序保护。如果机房原有的空调采用三相供电，则选配相序保护为"是"，如果空调采用单相供电，则选配相序保护为"否"。

3. 智能换热器面板操作

智能换热器面板如图2—64所示，面板菜单如图2—65所示。

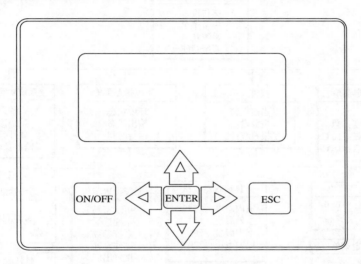

图 2—64　智能换热器面板

面板上按键的功能如下：

（1）ON/OFF。开/关机键，操作此键对机组进行开/关机。

（2）↑。上移键，对设置值进行增加或者选择上一条记录。

（3）↓。下移键，对设置值进行降低或者选择下一条记录。

（4）←。左移键，选择前一位数据。

（5）→。右移键，选择后一位数据。

（6）ENTER。回车键，确认输入。

（7）ESC。退出键，取消上一步的操作。

开机后，在任何界面下，如果持续30 s无键盘操作，系统自动返回正常显示界面。

系统上电后，按任意键，背光灯亮，如果持续30 s无键盘操作，背光灯灭。

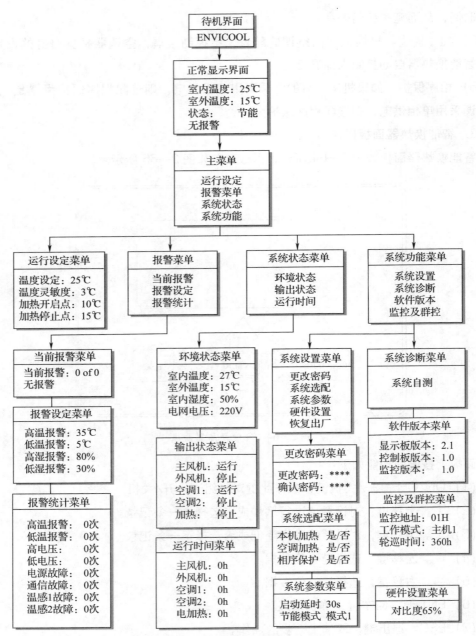

图2—65 智能换热器操作面板菜单

机组的操作密码为"0001"，按回车进入该界面，按左移键、右移键选择需要输入的位置，按上、下键修改，输入完毕按回车键确认。如果密码不正确，界面将显示错误信息，提示不能修改机组设定；如果密码正确，即进入主菜单，可以对机组设定进行编辑。

2.4.4 智能新风系统

1．系统原理

智能新风系统可以设置系统参数以及实时检测室内外温度、湿度、系统故障，满足设定的逻辑判断后，在特殊算法程序的规范下，自动控制风机、联动空调合理地工作，利用室内外温差、强制通风对流散热，以达到最佳的节能效果。充分利用自然资源，调节室内温度，达到省电、节能目的。

（1）与空调系统联动，充分利用基站内外的温度差，减少空调使用时间，达到节能目的。

（2）设备安装于基站内，基站外侧仅留进出风口，安全可靠，对外界无影响。

（3）与基站动力环境监控联网，做到远程实时监控。

（4）可靠性高，使用寿命长。体积紧凑，安装维护简便，运行成本低廉。

（5）在高温、空调故障的情况下可保护主设备，提高设备运行的安全性。

（6）电动机采用后倾式离心风机，高静压低噪声。

（7）具有风阀控制机构，增加了设备运行可靠性。

如图2—66所示为基站智能新风系统示意图。

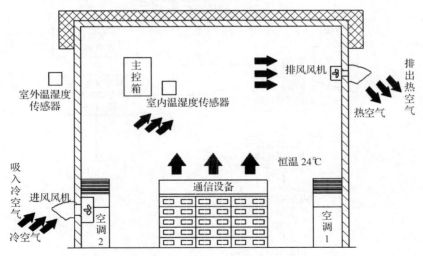

图2—66　基站智能新风系统示意

2．系统组成

智能新风系统主要由控制器、进风机、排风机、室外温湿度传感器、室内温湿度传感器、空气洁净度传感器、烟雾传感器、空调控制器、防雨透风罩、滤网装置、安装配件、线缆等组成。

　　进风采用专业空气滤网，能保证过滤效果。滤网采用金属网面支撑，可防止风大而变形，并且采用整体框架，便于清洗、拆装与重复使用，还可防止风压变形和鼠咬。

3．系统控制逻辑

　　基站智能新风系统控制逻辑如图 2—67 所示。

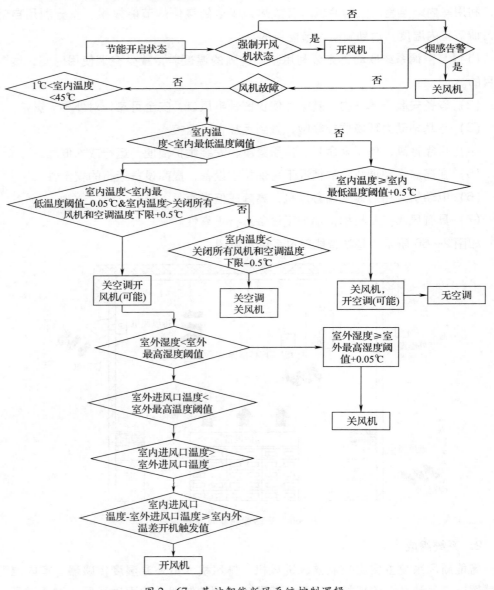

图 2—67　基站智能新风系统控制逻辑

（1）系统需要延时 N min（一般 3 min）后才能开启风机或关闭空调，延时期间不进行新的逻辑判断，以免闭循环或连续开关风机。

（2）智能新风系统出现系统故障、风机故障、传感器故障等现象，系统自动启动空调（风机故障）或自动启动风机（空调故障），将发出相应的故障告警信息。

（3）当烟感告警时，将关闭风机和空调。

2.5　动力环境监控

为了实现少人、无人值守的理想状态，必须大力推进动力监控，实现远程监控动力设备的运行情况，甚至实现远程遥控。

2.5.1　传感器

传感器是监控系统前端测量的重要部件，能够感知被测信号，并转换成为监控系统可接受的电信号。

1．门禁系统技术参数

非接触式门禁读卡器如图 2—68 所示。

（1）工作电源。DC 12 V/0.3 A。

（2）通信接口。RS232/485。

（3）读卡数据传输方式。射频。

（4）静态存储器。4 M。

（5）读卡时间。小于 0.3 s。

（6）感应距离。0 ~50 mm。

（7）工作环境。温度 –10 ~55℃，湿度 5% ~90%，大气压力 86 ~106 kPa。

（8）存放历史记录空间。2 000 条。

（9）最大存放卡片数。60 000 张。

（10）独立同步时钟。精度为每年 ±30 s。

2．直流电压传感器技术参数

直流电压传感器如图 2—69 所示。

（1）过载能力。2 倍电压下能连续工作、20 倍电压下能维持 1 秒。

（2）精度。<1.0%。

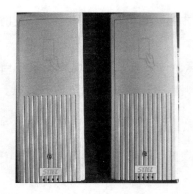

图 2—68　非接触式门禁读卡器

图 2—69　直流电压传感器

（3）线性度。优于 0. 2%。

（4）失调电压。 < ±20 mV。

（5）温度漂移。优于 ±100 ×10^{-6}/℃。

（6）反应时间。小于 10 μs。

（7）频率特性。1 ~10 kHz。

（8）工作耐压。交流 2 000 V/min · 1 mA。

（9）阻燃特性。符合 UL94 – V0。

（10）保护。内置熔丝、电源浪涌、极性反接保护。

（11）输出信号。RS485 数据信号。

3. 环境温度传感器技术参数

环境温度传感器如图 2—70 所示。

（1）供电电压。DC 12 V/24 V。

（2）输出信号。RS485 数据输出。

（3）测量范围。–10 ~80℃。

（4）测量精度。±0. 5℃（25℃时）。

（5）最大工作电流。40 mA。

4. 烟雾传感器技术参数

烟雾传感器如图 2—71 所示。

（1）供电电压。DC 12 V。

（2）相应速率。烟雾浓度0. 1 mg/m^{3}时，相应时间小于 15 s。

（3）工作温度。 –20 ~60℃。

图 2—70　环境温度传感器

图 2—71　烟雾传感器

（4）输出信号。告警时工作电流锁定输出，输出为干接点信号。

（5）工作电流。最大 12 mA（告警发生时）。

2.5.2　SU 监控模块的组成

SU 模块处在动力监控的最下层，主要由以太网网络、CPU、数据存储、I/O 采集、智能接口、电源 6 大部分组成。

1. SU 监控模块的功能

SU 监控模块逻辑结构如图 2—72 所示。

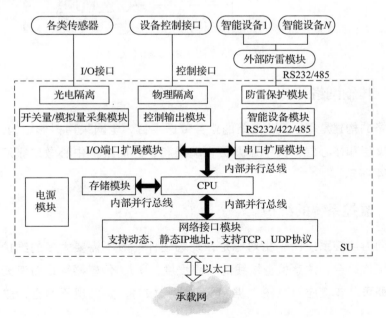

图 2—72　现场 SU 监控模块逻辑结构

（1）实现对温度、直流电压、三相交流供电、水浸、电子门禁等机房运行参数的监测。

（2）提供智能接口，以接入智能设备。

（3）提供以太网上联接口。

（4）防雷保护。

2．SU 模块监控对象

SU 模块监控对象如图 2—73 所示。

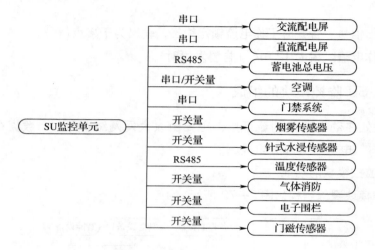

图 2—73　SU 模块监控对象

2.5.3　传输网络

传输网络的构建是基于 2M 电路的业务传送平台，全网采用树形结构，分为 3 层：接入层、汇聚层和核心层，其中汇聚层在端局和各区局维护中心做二级汇聚。监控网络如图 2—74 所示。

2.5.4　监控系统的维护

基站的动力监控系统由于相对稳定，现场硬件一般不需要太多的维护，只需在做好日常清洁工作之余，注意检查接线的牢固程度，SU、传感器等设备有无损坏，指示灯有否异常即可。年度应对系统数据和告警进行核对，如发现不吻合，应进行检查和修理。

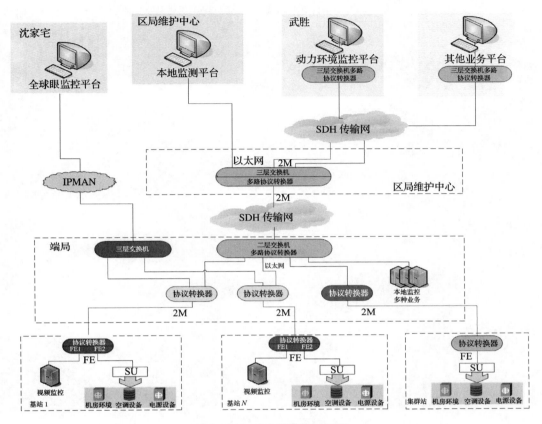

图2—74　动力环境监控网络

第 **3** 章

仪器仪表使用

学习目标

- ☑ **掌握路测仪器、仪表,包括前台仪表、后台仪表、频谱分析仪、天馈测试仪的操作及使用**

- ☑ **掌握典型测试终端的使用技能,能够通过终端确认网络主要性能指标**

- ☑ 学会地理化辅助工具的使用

- ☑ **掌握指北针、经纬仪、坡度计、测距仪、万用表等仪表的原理及其使用方法**

3.1 路测仪表

路测是获取网络性能数据、发现网络问题、验证网络优化效果的一种重要方法，路测仪表则是用来收集数据的重要工具。通过对数据的分析发现网络的问题、制定优化方案，从而改善网络性能。

3.1.1 鼎利 Pilot Pioneer（前台）

1. 软件安装

软件安装步骤如下：

（1）运行安装文件，如图 3—1 所示。

（2）在弹出的安装向导窗口中依次单击"下一步"按钮，并分别按照要求设定安装路径，建立启动软件的快捷方式。

图 3—1　鼎利安装文件

（3）在弹出的如图 3—2 所示的准备安装界面中单击"安装"按钮，等待安装过程结束。

（4）安装过程结束后弹出完成安装界面，单击"完成"按钮退出安装，前台程序安装结束。

（5）在安装完成前台（Pilot Pioneer）软件后，会自动运行 MSXML 软件 Winpcap 软件安装程序。单击"下一步"按钮，直到安装结束。前者主要用于支持 Pilot Pioneer 的统计以及其他一些报表的显示，后者则是 TCP/IP 的抓包软件。

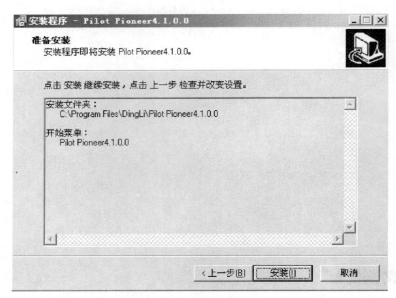

图 3—2 准备安装

（6）安装完成后将 pioneer.lcf LCF 文件 2 KB 的 licence 文件复制到安装目录下。

2. 地图数据导入

地图数据的导入有两种方法，一种是将外部格式的地图导入；另一种是将 Pilot Pioneer 自定义格式的地图数据导入。

（1）方法一。选择"Edit"→"Maps"→"Import"菜单命令，或双击导航栏 "GIS Info"→"Geo Maps"图标，打开地图导入窗口，选择地图类型并单击"OK"按钮，会打开查找本地路径的地图选择窗口，选择地图数据进行导入。

Pilot Pioneer 可将外部格式的地图（如数字地图）和 AutoCAD 的 dxf、jpg 格式等外部文件导入 Pilot Pioneer 中，并自动转换为 Pilot Pioneer 支持的内部地图格式。目前，路测中最常用的外部地图格式为 MapInfo 的 mif 和 tab 格式。

Pilot Pioneer 支持的内部地图格式有高度图（Height）、地物图（Clutter）、矢量图（Vector）、光栅图（Raster）、建筑物图（Building）、建筑物矢量图（Buildvec）以及标注图（Text）。

（2）方法二。选择导航栏"GIS Info"→"Unsaved"→"Geo Maps"→"地图类型"选项，单击鼠标右键，在快捷菜单中选择"Import"，引入地图索引文件及地图配置文件。

导入地图后,单击 Map 窗口上的 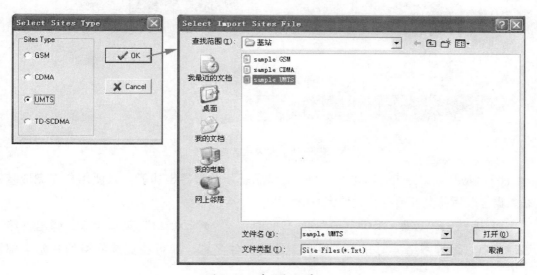 工具,打开地图选择名称选取窗口,窗口中列出了所有已导入 Pilot Pioneer 的地图数据名称,勾选地图数据并单击"OK"按钮,将地图显示到 Map 窗口。

3. 基站数据管理

(1)基站数据导入。选择"Edit"→"Site Database"→"Import"菜单命令,打开基站数据的网络选择窗口,选择网络类型和基站数据,即可完成基站数据的导入。

基站数据库文件为 txt 文件,不同网络的基站数据库文件的内部格式不同。基站数据导入后自动列出在导航栏"Project"→"Sites"→"对应网络"下。

如对数据库的格式不了解,可以先通过导出基站数据库导出只有字段名的空数据库,然后根据字段内容填入数据,再进行导入,如图3—3所示。

图3—3　基站数据导入

(2)基站数据删除。Pilot Pioneer 提供了删除基站数据的多种方法。

1)方法一。选择"Edit"→"Site Database"→"Delete"菜单命令,打开基站数据删除窗口,勾选基站及小区名称,单击"OK"按钮,可删除被选基站及小区。

2)方法二。通过导航栏"Project"→"Sites"→"网络类型"右键功能中的"Delete"命令,可删除该基站类型下的所有基站。

3)方法三。通过导航栏"Project"→"Sites"→"基站类型"→"基站名称"右键功能中的"Delete"命令,可删除该基站。

(3)基站数据查看。选择"View"→"Site Database"菜单命令,打开基站查看

移动通信机务员〔五级 四级 三级〕〔移动通信基础设施〕
YIDONG TONGXIN JIWU YUAN

窗口，查看已导入 GIS 的基站信息。通过单击"Select Column"按钮，打开窗口，用户可自定义查看的基站属性，如图 3—4 所示。

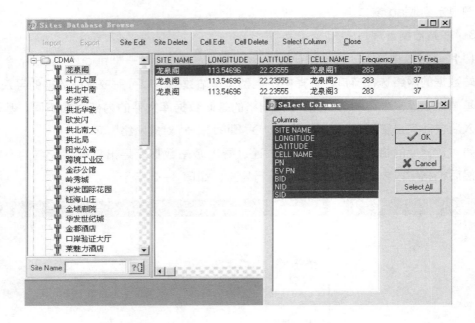

图 3—4　基站数据查看

（4）基站数据导出。Pilot Pioneer 提供了基站数据导出功能，以便用户在完成基站数据修改后将文件另存，文件为 txt 格式。

1）方法一。选择"Edit"→"Site Database"→"Export"菜单命令，弹出网络选择窗口，选择网络类型并指定导出文件的文件名称，即可将被选网络的基站全部导出。

2）方法二。通过导航栏"Project"→"Sites"或"Project"→"Sites"→"网络类型"右键菜单中的"Export"选项，可将指定网络的基站导出为 TXT 格式。

4．事件显示设置

在路测过程中会出现各种事件，如掉话、未接通等。以下说明如何把这些事件显示出来。

双击或将导航栏"Project"→"Configuration"→"Events"拖曳到工作区中，会打开"Internal Event Manage"窗口。该窗口主要用于对事件图标等信息进行设置，如图 3—5 所示。

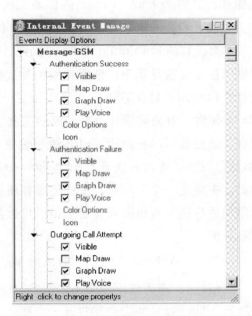

图 3—5　事件显示设置

5. 事件管理窗口功能描述

事件管理窗口功能描述见表 3—1。

表 3—1　　　　　　　　　　　　事件管理窗口功能描述

栏位名称	功能描述
▶ ▼	事件子菜单展开/隐藏
Visible	事件是否显示在 Events List、Map、Graph 窗口
Map Draw	Map 窗口是否显示该事件
Graph Draw	Graph 窗口是否显示该事件
Play Voice	事件发生时是否给出语音提示
Color Options	事件在事件管理窗口中的字体颜色及背景颜色设置（双击）
Icon	事件图标显示设置（双击）
窗口下方状态栏	事件信令定义

（1）工程管理。工程是 Pilot Pioneer 用来进行所有相关数据管理、维护的基本单位，它包括所有的测试数据、地图数据、基站数据和所有设置参数。

工程包括两部分：工程名和工程路径。在工程路径下，工程被保存为 Data 文件夹、GIS 文件夹（归类保存已转换为 Pilot Pioneer 内部地图格式的地图文件）、PWK 文件（工程文件，保存工程设置和测试数据信息）、GST 文件（保存 GIS 信息）。解码数据的保存路径要视工程参数设置的 Path of LogData 来确定。

例如，若将解码数据保存在安装目录下，则所有原始测试数据存放在安装目录的根目录下，解码数据保存在 LogData 目录下。

第一次运行 Pilot Pioneer 时，首先需要建立一个新的工程，导入或新建该工程包含的基站数据、地图数据，进行显示的初始设置（不进行设置，则 Pilot Pioneer 自动采用默认设置）。测试数据可以通过导入方式导入 Pilot Pioneer，也可以在测试过程中由 Pilot Pioneer 自动采集。在建立一个工程后，工程将保存所有的基站数据、地图数据和测试数据，并保存用户进行的所有修改和设置。以后可以打开该工程文件，对所有相关的数据进行处理和分析。

（2）新建工程。选择"File"→"New Project"菜单命令，或者单击工具栏的 快捷按钮（快捷键为［Ctrl＋N］），在工作区中弹出如图 3—6 所示的设置窗口。设置完成后，单击"OK"按钮，Pilot Pioneer 会自动打开一个新的导航栏和工作区。单击"Cancel"按钮，取消新建工程。

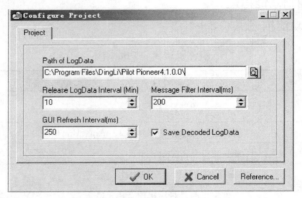

图 3—6　新建工程

（3）参数名称解释（见表 3—2）

表 3—2　　　　　　　　　　　　　参数名称解释

栏位名称	栏位描述
Path of LogData	测试数据（原始数据）在计算机中的保存路径，用户可以单击 按钮更改数据保存路径

续表

栏位名称	栏位描述
Release LogData Interval（min）	解码数据在内存中的保留时间，单位：分钟（min）
Message Filter Interval（ms）	信令采集时间间隔，单位：毫秒（ms）
GUI Refresh Interval（ms）	Graph 窗口刷新的时间间隔，GUI 为用户图形接口，单位：毫秒（ms）
Save Decoded LogData	控制解码数据的存储方式。勾选表示软件会实时保存解码数据；不勾选，则解码数据只保存在计算机内存中
Reference	打开测试数据的设置窗口

（4）打开工程。选择"File"→"Open Project"菜单命令（快捷键为［Ctrl + O]），会弹出如图3—7所示对话框。用鼠标选中要打开的工程，单击"Open"按钮，或双击要打开的工程数据，系统会自动将该工程数据加载进来，同时保留上次保存工程时工作区的信息、窗口的位置以及窗口的大小。Pilot Pioneer 的工程扩展名为".PWK"。

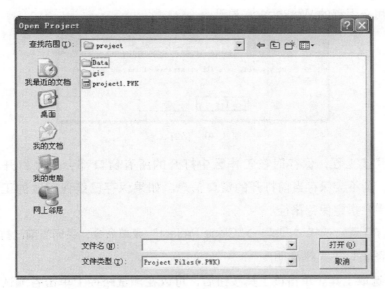

图3—7 打开工程

（5）保存工程。选择"File"→"Save Project"菜单命令（快捷键为［Ctrl + S]），系统弹出对话框，询问用户是否保存当前的工程。如果该工程为第一次保存，则保存时需要用户先指定保存路径，如图3—8所示。

图3—8　保存工程对话框

当选择了保存路径以后，系统会询问用户是否需要为保存的工程保存当前的 Work-space 设置，如图3—9所示。单击"Yes"按钮，则再次打开该工程时，系统会自动按照上一次用户保存的 Workspace 显示。

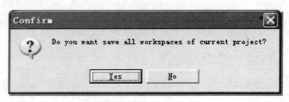

图3—9　保存工程

再次打开该工程，保存时在工作区中打开的所有窗口都会同步打开。如果单击"No"按钮，则不会保存当前打开的窗口信息。如果保存已经保存过的工程，则系统不会再要求用户指定保存路径。

（6）关闭工程。选择"File"→"Close Project"菜单命令，关闭当前已打开的工程。

（7）地图窗口工具栏说明

1）　选取工具。单击该工具按钮后，可以在测试路径上单击各测试点。如果在工作区中同时打开该测试数据的其他窗口，则其他窗口中的数据会对应显示 Map 窗口中当前测试点的数据。

2）　放大工具。在 Map 窗口中单击该工具按钮会放大地图显示。

3）　缩小工具。在 Map 窗口中单击该工具按钮会缩小地图显示。

4）　🔍 区域放大工具。单击鼠标并进行拖曳，放大选择区域到整个 Map 窗口。

5）　🔍 居中显示工具。可选择将测试数据、地图或基站进行居中显示。

6）　🖐 移动工具。按住鼠标左键可拖动 Map 窗口的显示内容。

7）　✛ Mark 工具。用于室内测试路径点选取。

8）　ℐ 用于定义室内路径。

9）　✎ 用于对已定义的室内路径打点。

10）　🔲 矩形选取工具。用于显示选取矩形区域中的小区连线。

11）　⭕ 圆形选取工具。用于显示选取圆形区域中的小区连线。

12）　⬡ 多边形选取工具。用于显示自选区域中的小区连线。

13）　📏 位移测量工具。选中 Map 窗口中的一点并拖曳鼠标，可以查看两点间的距离。

14）　📐 多边形边长测量工具。对工具使用过程中的连线路程进行累加。

15）　🔲 矩形面积测量工具。对预测量的矩形区域进行框选，可以查看矩形区域的长、宽、面积。

16）　⬠ 多边形面积测量工具。

17）　🗺 地图显示工具。用于选择覆盖在 Map 窗口中的地图。

18）　📋 数据覆盖工具。用于选择覆盖在 Map 窗口中的测试数据。

19）　🔄 刷新工具。用于刷新地图。

20）　☰ 图例显示工具。单击可显示/隐藏 Map 窗口上的 Legend 窗口。

21）　📑 GIS 管理工具。对 Map 窗口所覆盖内容的参数设置及参数选择。

22）　📚 图层显示工具。图层显示/隐藏，图层参数设置，图层层叠关系。

23）　▪ 坐标显示工具。用于设置地图坐标系显示，地图网格显示。

24）　🔳 事件显示工具。用于显示/隐藏测试路径的测试事件。

6．基站数据在地图窗口中的显示

将导航栏"Project"➔"Sites"➔"网络类型"拖曳到 Map 窗口中即可显示基站。如果要在 Map 窗口中显示单个基站，可将导航栏中单个基站名拖曳到 Map 窗口中，如图3—10 所示。

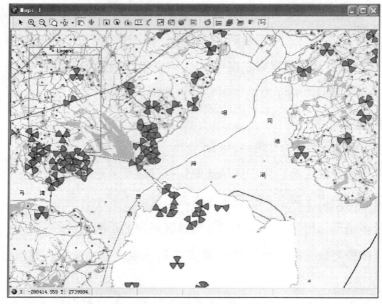

图3—10　地图显示

（1）测试数据在 Map 窗口中的显示。双击或将导航栏"Project"→"Log Files"→
"网络类型"→"测试数据"→"Map"拖曳到工作区中，可打开覆盖有测试数据的 Map
窗口。

（2）Map 窗口指标阈值及指标菜单颜色的设置。选择"Configuration"→"Gener-
al"→"Threshold"菜单命令，弹出 Map 窗口的阈值设置窗口。从 Parameters 和 Field
栏中选择网络和指标，然后从下方的设置栏中对该指标进行设置，如图3—11所示。

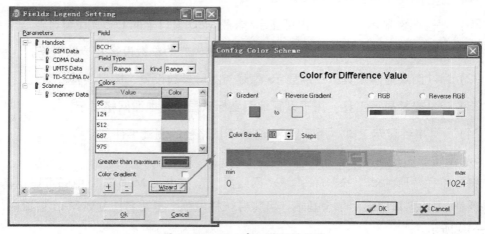

图3—11　Map 窗口的阈值设置

（3）Map 窗口的测试数据显示属性设置。选择"Configuration"→"Log Data"→"网络类型"菜单命令，打开该网络的测试数据在 Map 窗口的显示属性设置对话框（图3—12 中的"Config Themmatic fields"对话框）。

勾选窗体左侧的指标，在窗体的右侧对指标的偏移位移、显示外观、尺寸等进行设置。被勾选的指标会在对应网络数据的 Map 窗口中显示出来。设置一定的偏移量，各指标会有层次地在 Map 的测试路径上显示出来，如图3—12 所示。

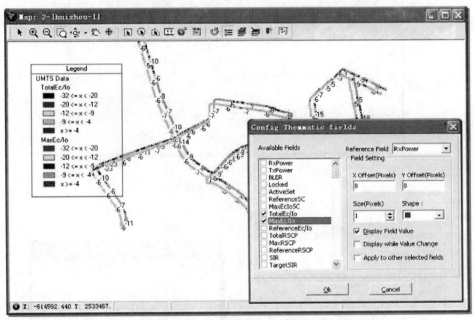

图 3—12　测试数据显示属性设置

（4）Map 窗口的基站属性设置。通过导航栏"Project"→"Sites"→"网络类型"右键菜单中的"Edit"选项，打开该网络的基站属性设置窗口。在该窗口中可对各网络基站的形状、颜色、是否显示基站及小区信息进行设置，如图3—13 所示。

7．Message 窗口

Message 窗口显示指定测试数据的完整解码信息，可以分析三层信息反映的网络问题；自动诊断三层信息流程存在的问题，并指出问题位置和原因。每个测试数据都有一个 Message 窗口，将 Message 窗口直接从导航栏中拖曳到工作区中，或双击 Message 按钮，即可打开该测试数据的 Message 窗口。

（1）Message 窗口信令层信息显示。在 Message 窗口中双击信令，弹出如图 3—14 所示的信令解码窗口，显示信令解码信息。

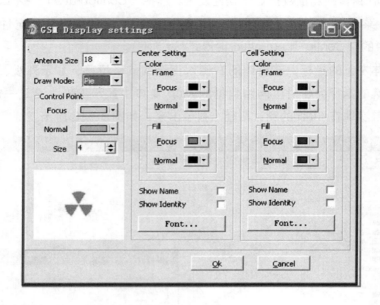

图 3—13 基站属性设置

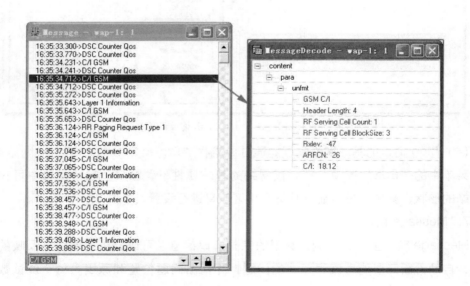

图 3—14 信令解码信息

Message 窗口的下拉列表框中显示了当前三层信息的信息类型。用户可以利用该下拉列表框选择或直接输入需要查找的三层信息名称，并利用 Message 窗口的 按

钮框的 ▲ 和 ▼ 按钮向上或向下查找指定的三层信息。当查找到第一个该信息类型时，把测试数据的当前测试点移动到相应位置。用户也可以利用鼠标单击当前任意测试点，使之成为当前测试点。

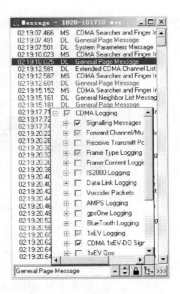

单击如图3—15所示窗口右下角处的 按钮，可以激活 Message 窗口显示的三层信息详细内容列表。通过对信息类的选择，可以使三层信息在 Message 窗口中进行分类显示（Message 窗口显示已勾选的信令）。同时，右键激活菜单"Color"选项，可设置被选信令在 Message 窗口的显示颜色。

（2）Graph 窗口。Graph 窗口以随时间变化的曲线方式显示各测试参数的变化情况。每个测试数据都有一个 Graph 窗口，将 Graph 窗口直接从导航栏中拖曳到工

图3—15　信息详细内容

作区中，或双击 Graph 按钮，即可打开该测试数据的 Graph 窗口，如图3—16所示。

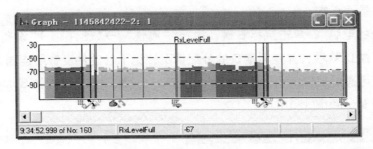

图3—16　Graph 窗口

Graph 窗口实时显示测试参数数值、测试事件和测试状态，对于不处于测试状态的数据，用户可以任意指定其当前位置。

在 Graph 窗口中，标题为当前参数名称，Y 轴坐标表示该参数对应的各分段值，而状态栏显示了当前点的测试时间、采样点位置和对应的参数值。Pilot Pioneer 将 Graph 窗口中的参数以该参数的显示颜色进行填充，从而形成该参数的包络线，并通过3种不同的明暗度表明移动台状态。

显示参数设置的 Graph 窗口如图3—17所示。在 Graph 窗口中单击鼠标右键，选择"Field"选项，可以选择或取消选择在 Graph 窗口显示的参数。选择"Field 选项，"打开 Select Fields 窗口，按住［Ctrl］键进行选取，可以选择多个参数，Graph

窗口支持多参数显示。双击"Select Fields"窗口中参数前的色块，可从颜色列表中选择对应参数的显示颜色。

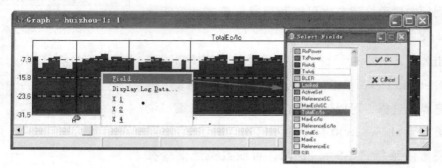

图 3—17　Graph 窗口显示参数设置

8. 测试准备

（1）设备连接（物理连接）。连接设备指为计算机连接测试业务所使用的硬件设备，如手机、Scanner、GPS、上网卡等（硬件设备需安装驱动程序）。

（2）查看端口号。设备连接并安装驱动程序后，可以看到相应的通信端口，以便确认设备状态是否正常。

选择"我的电脑"，单击鼠标右键，执行"属性"→"硬件"→"设备管理"菜单命令，展开"端口"项，并查看端口的分配情况，记下各硬件设备所连端口号。

此处，还可通过"Configure Devices"窗口（见图3—18）中的 System Ports Info 面板来查看 Modem 口和串口。

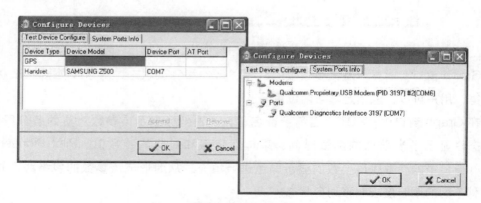

图 3—18　端口配置

（3）硬件端口设置。双击导航栏"Device"→"Devices"或单击"Configuration"→"Device"，打开 Configure Devices 窗口，分配设备端口。端口功能见表3—3。

表 3—3　　　　　　　　　　　　　　　　端口功能

栏位名称	功能描述
Device Type	设备类型（GPS：全球卫星定位系统；Handset：测试手机；上网卡；Scanner：扫频仪）
Device Model	设备型号
Device Port	设备连接端口
AT Port	Modom 端口
Append	添加连接设备
Remove	删除连接设备

（4）测试模板管理。Pilot Pioneer 通过调用不同的测试业务模板来制订不同的测试计划。在进行测试之前，必须首先建立或导入测试模板，然后通过组合不同的测试模板来完成多种测试计划。

单击"Configuration"→"Template"或导航栏"Device"→"Templates"，打开"Template Maintenance"窗口（见图 3—19），对测试模板进行新增（New）、编辑（Edit）和删除（Delete）。

1）创建测试模板。单击"Template Maintenance"窗口下方的"New"按钮，可新建一个测试模板，步骤如下：

①在"Input Dialog"对话框中输入新模板的名称，单击"OK"按钮（见图 3—20）。

图 3—19　测试模板管理

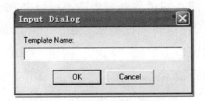

图 3—20　创建测试模板

②弹出"Template Configuration"对话框（见图3—21），从窗口左侧的测试业务列表中选择测试业务（测试业务列表隐藏后，可通过单击鼠标右键进行激活），例如选择 New Dial。

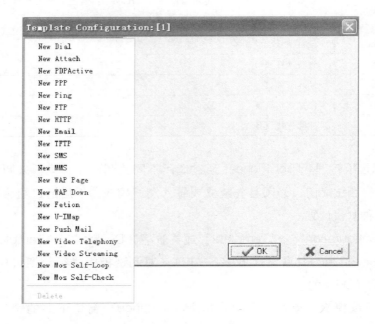

图3—21　模板配置

③单击"OK"按钮，弹出"Select Network"窗口，在该窗口中选择测试的网络类型，单击"OK"按钮。

④弹出测试业务配置界面（见图3—22），在该界面中设置好所有控制项，单击"OK"按钮，模板建立完成。

⑤如果需要建立并发业务测试模板，则在上一步骤中，配置好一个测试业务后，在左侧栏中单击鼠标右键，从弹出的业务列表中选择新的测试业务进行配置，如图3—23所示。

注：测试业务列表中不可以并发执行的测试业务都用灰色标记，表示不可选。

2）编辑测试模板。在"Template Maintenance"窗口中选择已建立的测试模板，单击窗口下方的"Edit"按钮，弹出"Template Configuration"窗口，可对该测试模板进行编辑。

3）删除测试模板。在"Template Maintenance"窗口中选择已建立的测试模板，单击窗口下方的"Delete"按钮，删除该测试模板。

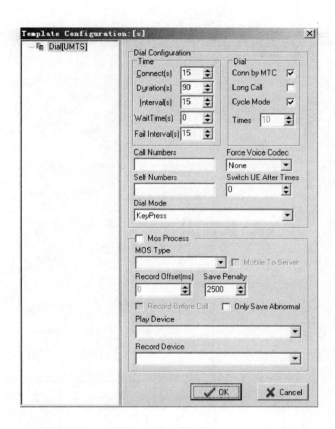

图3—22 测试业务配置

4）测试模板导入导出。选择"Edit"→"Templates"→"Export"命令，弹出测试模板路径指定窗口，如图3—24中的左图所示。在窗口中选择测试模板保存路径，单击"OK"按钮，弹出"Select Test Templates"窗口，选择一个或多个测试模板，单击"OK"按钮，即可将选中的测试模板保存在计算机中。

选择"Edit"→"Templates"→"Import"菜单命令，打开文件查找窗口，选中一个或多个测试模板，可将之前保存的测试模板导入到软件中。

5）测试模板调用。选择导航栏"Device"→"Devices"命令，添加测试设备后，即可为测试设备指定测试模板，以完成不同的测试计划。测试模板调用有两种方法：

①方法一。如图3—25所示，在导航栏"Device"→"Templates"列表下选中一个测试模板，将其拖动至测试设备上；或双击导航栏"Device"→"Templates"→

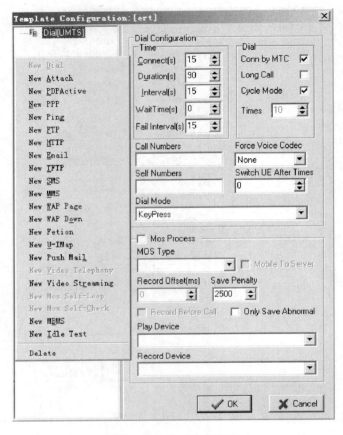

图 3—23　并发业务配置

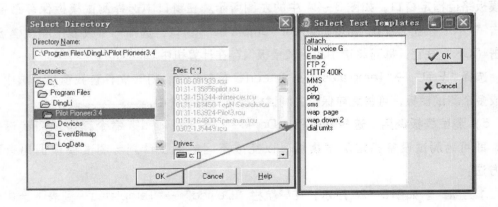

图 3—24　测试模板导入导出

"测试设备"，从打开的窗口中勾选测试模板。测试模板被添加在测试设备下方，表示该测试设备目前调用这个测试模板。注：当测试设备名（Hand-set1）显示为红色时，表示该设备没有正确配置，不可以调用任何测试模板；当其显示为黑色字体时，才可以调用。

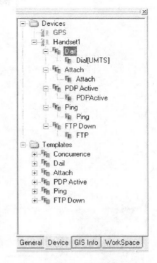

②方法二。连接测试设备，开始记录测试数据后，也可以重新选择该测试设备应用的测试模板。如图3—26所示，在"Logging Control Win"窗口中，单击"Advance"按钮，弹出模板修改窗口，可通过勾选不同的测试模板对当前测试设备的测试计划进行修改。

图3—25　测试模板调用

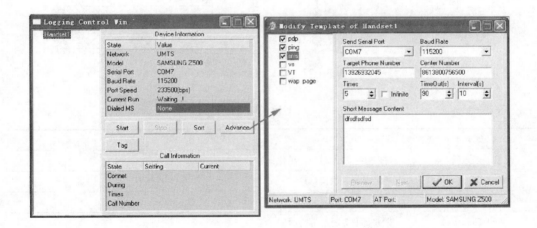

图3—26　重选测试模板

9. 基本测试业务

以下介绍最常用的两种测试：

（1）Dial测试。在"Template Configuration"窗口中，从测试业务列表中选择"New Dial"选项，首先打开"Select Network"对话框。在该对话框中选择测试业务的网络类型，单击"OK"按钮，弹出"Template Configuration"对话框。在该对话框中进行拨打测试模板配置。操作方法如图3—27所示。对话框中的栏位对照说明见表3—4。

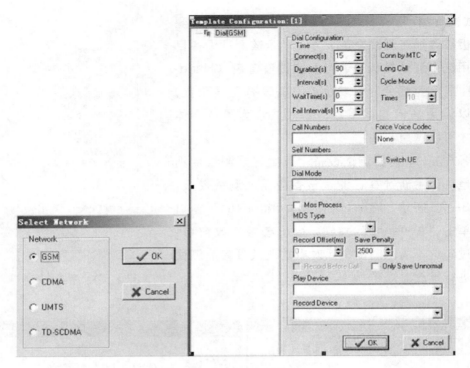

图 3—27　配置拨打测试模板

表 3—4　　　　　　　　　　　　　对照说明

栏位名称	栏位描述
Connect（s）	呼叫接入最大时长，单位：秒
Duration（s）	通话时长，单位：秒
Interval（s）	重新拨号的间隔时间
Wait Time（s）	做并行业务时的等待时间
Fail Interval（s）	失败后的间隔时间
Conn by MTC	勾选表示 CDMA 网络判断被叫接通
Long Call	长呼
Cycle Mode	勾选表示无限循环测试模式
Times	循环测试次数，不勾选"Cycle Mode"时有效
Call Numbers	填写所拨叫的电话号码，该栏位不可为空
Self Numbers	主叫号码
Dial Mode	拨号模式
Force Voice Codec	强制语音编码方式

续表

栏位名称	栏位描述
Switch UE	转换设备
Mos Process	勾选表示进行语音评估测试
Multi MOS	勾选表示进行多路语音评估测试
ChannelNO	勾选 "Mos Process"，再勾选 "Multi MOS" 出现，选择频道
Play Device	勾选 "Mos Process" 后不作任何勾选或者勾选 "Mobile to Fix"，选择播发设备
Record Device	勾选 "Mos Process" 后不作任何勾选或者勾选 "Mobile to Fix"，选择录制设备

（2）FTP 测试。在测试业务列表中选择 "New FTP" 选项，进入如图 3—28 所示的配置界面。

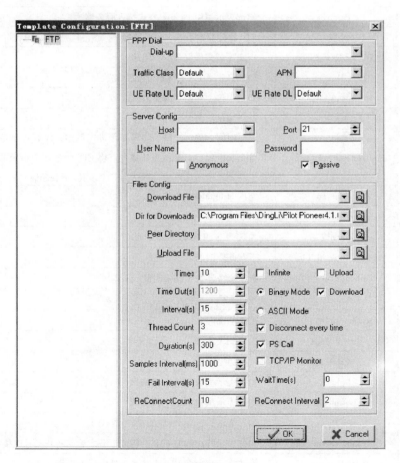

图 3—28　FTP 测试

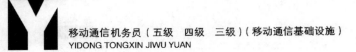

FTP 事件模板的栏位名称及栏位描述见表 3—5。

表 3—5　　　　　　　　　　　　对照说明

栏位名称		栏位描述
PPP Dial	Dial – up	调用的拨号连接，单击下拉菜单选择
	UE Rate UL	用户设备上行传输速率
	UE Rate DL	用户设备下行传输速率
Server Config	Host	FTP 服务器的 IP 地址
	Port	通信端口
	User Name	用户名。注：必须确保该用户拥有相应业务测试权限
	Password	密码
	Anonymous	勾选表示允许匿名登录
	Passive	勾选表示使用 Passive 方式接入服务器
Files Config	Download File	FTP 服务器中下载文件的路径
	Dir for Downloads	指定下载文件保存的本地路径
	Peer Directory	FTP 服务器中上传文件的保存路径
	Upload File	指定上传文件的本地路径
	Times	循环测试次数
	Time Out（s）	超时时间，单位：秒。如果在该设定值内，没有将指定大小的数据文件全部上传到 FTP 服务器或没有将 FTP 服务器中指定的数据文件完全下载到本地计算机中，则认为 FTP 上传/下载超时
	Interval（s）	空闲时间间隔，单位：秒
	Thread Count	下载线程
	Duration（s）	勾选 PS Call 后的下载时间
	Samples Interval（ms）	下载间隔时间
	Fail Interval（s）	登录服务器失败间隔时间
	ReConnectCount	重连次数
	ReConnect Interval	重连间隔时间
	Binary Mode	二进制模式
	ASCII Mode	ASCII 码模式
	Upload	勾选表示执行 FTP 上传测试
	Download	勾选表示执行 FTP 下载测试
	PS Call	勾选表示进行做 PS 域的拨打
	Disconnect every time	勾选表示每次做完 FTP 上传或下载之后就断开拨号连接
	TCP/IP Monitor	勾选表示每次做 FTP 上传或下载时，产生 *.pcap 文件

3.1.2 鼎利 Pilot Navigator（后台）

1．软件安装

（1）运行安装文件，安装向导设置同 Pilot Pioneer（前台），如图3—29所示。

图3—29 鼎利安装文件

（2）双击 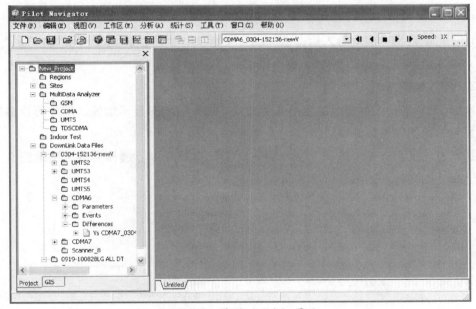 快捷方式，启动 Pilot Navigator，界面如图3—30所示。

图3—30 鼎利（后台）界面

2．导入基站

　　Pilot Navigator 提供了方便灵活的基站维护功能，本节会对各项维护功能进行详细介绍。为了方便用户分析问题，Map 窗口可支持基站的显示。Navigator 支持导入 xls 与 txt 两种格式的基站数据库，并支持对基站数据库的校对，当导入的基站数据库缺少相应的字段或者取值超出范围时会有相应提示。

　　操作：选择"编辑"→"导入基站"菜单命令，打开选择基站文件对话框，选择相应文件，单击"打开"按钮，如图3—31所示。此外，可以通过右键单击导航栏的"Sites"文件夹，导入基站数据库。

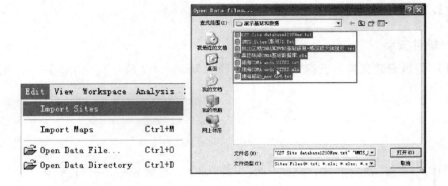

图 3—31　导入基站数据库

注：基站数据库成功导入后，"Sites"文件夹下对应的网络文件夹会出现"⊞"符号。

3. 导入地图

Navigator 支持多种格式的地图文件，具有强大的地图显示功能。用户可以自行选择要显示的地图信息，并编辑修改。

操作方法是：选择"编辑"→"导入地图"菜单命令，选择要导入的地图文件格式，选择地图文件，如图 3—32 所示。

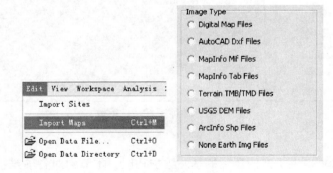

图 3—32　导入地图数据

地图文件导入后，软件左边导航栏的 GIS 选项卡页面相应项目栏会出现"⊞"符号。打开 Map 窗口，将导入的文件拖动到 Map 窗口中即可显示。右键单击已导入的文件类型，可执行删除和新增操作，如图 3—33 所示。

4. 导入数据文件

打开数据文件命令可以将测试数据导入 Navigator 内，也可以通过工具栏的快捷按

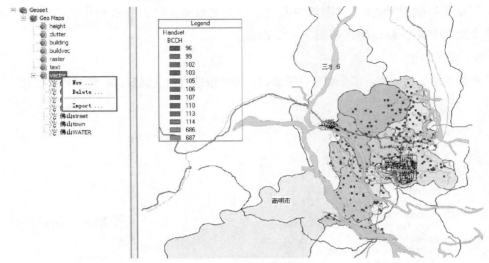

图 3—33　地图窗口操作

钮 导入数据，如图 3—34 所示。除此之外，还可以将数据拖曳到 Navigator 内，从而将数据导入。

Navigator 支持多种数据文件格式，其中包括 Data Files（∗.wto，∗.rcu，∗.paf，∗.msg）、Navigator Data Files（∗.pag，∗.pac，∗.pau）以及 Other Data Files（∗.ms，∗.cdm，∗.mdm），如图 3—35 所示。

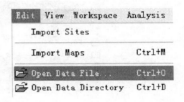

图 3—34　导入数据文件

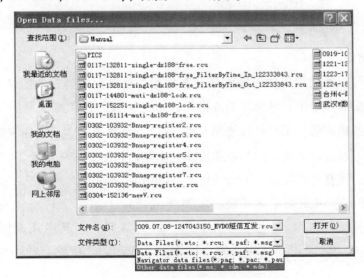

图 3—35　Navigator 支持的数据文件格式

可以在导航栏 Project 选项卡中看到已导入的数据文件，并进行相关的操作，如查看信令窗口和事件窗口等，如图 3—36 所示。

5．视图功能

视图功能包括地图、信令和事件等窗口，并可以通过自定义窗口灵活操作，如图 3—37 所示。

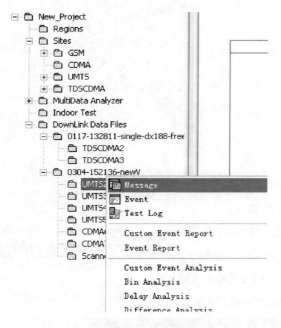

图 3—36　导入的数据文件操作　　　　　　图 3—37　视图功能

6．地图窗口

地图窗口可以为用户提供直观的覆盖图信息、轨迹图信息、地图信息、基站信息等，并能将地图窗口导出，保存成图片格式，如图 3—38 所示。

导入基站数据库后，用户可以使用 Map 窗口工具栏中的 ☑ 按钮来实现服务小区连线功能，并可以自定义连线的颜色和形状大小等，如图 3—39 所示。

服务小区连线有两种类型：Single Point 和 Area Selected。

选择 Single Point 进行小区连线，即对测试路径上某个采样点进行服务小区连线，如图 3—40 所示。一个点可能有多个小区为其服务，其中用粗线相连的小区表示 Reference 小区，用细线相连的小区表示 Active Set 中除 Reference 以外的小区。

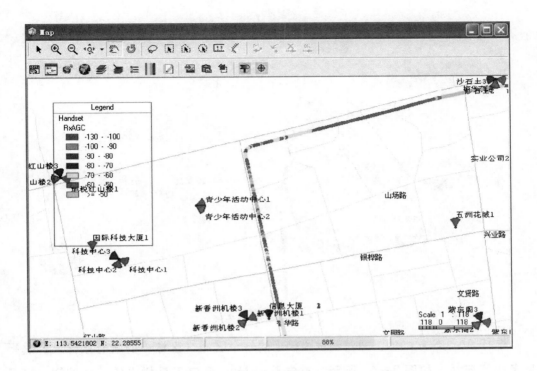

图 3—38　地图功能

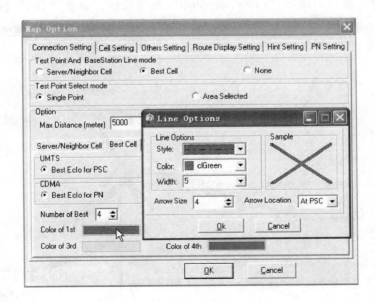

图 3—39　服务小区连线功能

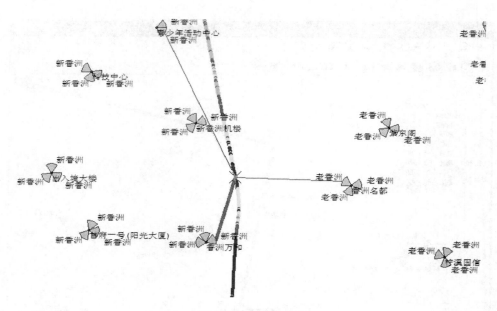

图 3—40　采样点连线

选择 Area Selected，即对测试路径上的一个区域（区域中的所有采样点）进行服务小区连线，如图 3—41 所示。首先单击 Map 窗口工具栏中的 ⬚ 按钮，打开"Map Option"窗口，选择"Area Selected"单选按钮，单击"OK"按钮，然后在 Map 窗口上使用 ⬚ ⬚ ⬚ ⬚ 工具对区域进行选择，即可完成按区域方式的服务小区连线。

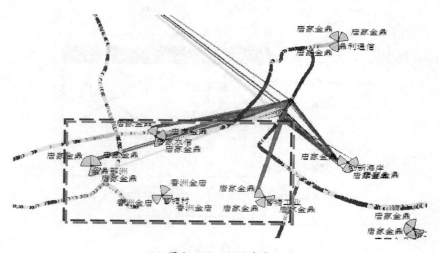

图 3—41　小区连线

7. 浮动窗信息显示

Navigator 支持以浮动窗口的形式显示路测轨迹的信息，并提供给用户可选择的字段显示信息。单击 Map 窗口中的 ▶ 按钮，单击地图轨迹的任何一点，即可以看到相应的浮动窗口信息，如图 3—42 所示。

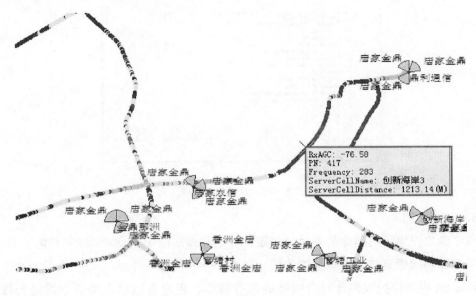

图 3—42　浮动窗口信息显示

用户可以根据自己的需要设置要显示的字段，如 PN、Frequency、Server Cell-Name 等，具体内容在"Map Option"窗口中设置，如图 3—43 所示。

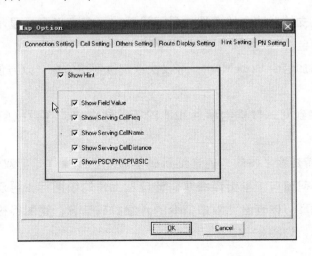

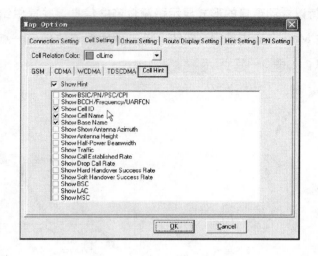

图 3—43　显示字段设置

8. 信令窗口

信令窗口提供了对信令的查找、锁定、筛选和添加信令的 BookMark 功能，对于分析呼叫流程和问题定位有很重要的作用，如图 3—44 所示。

Search 栏下拉列表包含对应网络的所有信令，用户可以输入关键字段进行搜索，或者直接从下拉列表中进行选择，使用上下查找功能可对选择的信令进行查找。

锁定信令功能可以锁定用户需要查看的信令，并且在回放数据的过程中不联动显示。

属性设置功能支持对信令的筛选与显示设置，可自定义需要显示的信令并设置信令显示的字体和颜色。

通过对信令添加信令 BookMark，可以快速定位到该信令，以方便对信令的分析与查看。

信令窗口关联到同一数据的事件和地图等其他窗口，在数据回放的时候联动显示。

Navigator 支持查看多条信令的详细解码信息。具体操作是：双击任意一条信令，弹出信令的详细解码窗口，单击详细解码窗口左上角的锁图标，再双击另外一条要查看的信令。如此循环可以查看无限条信令的详细解码信息，锁图标被按下的解码窗口不能实现联动显示，如图 3—45 所示。

图3—44 信令显示窗口

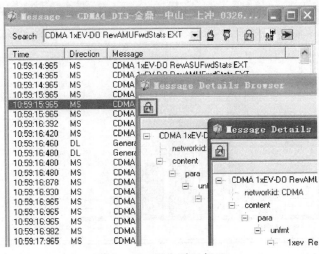

图3—45 信令详细解码

9. Graph 窗口

Graph 窗口（曲线图窗口）可以显示多个参数（将导航栏的参数直接拖曳到 Graph 窗口即可）的趋势，以面和线显示，并以不同颜色区别各参数。在 Graph 窗口下方的状态栏显示信令点时间、位置信息以及所显示参数的网络，如图 3—46 所示。

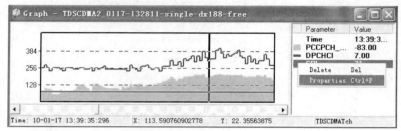

图 3—46　曲线图窗口

右键单击 Graph 参数列表的参数，在弹出的快捷菜单中选择属性，可以设置参数的显示形式以及形状大小、颜色等。此外，还可以执行删除操作。Graph 窗口关联到同一数据的信令和事件等其他窗口，在做数据回放时会与其他窗口一起联动。

10. 图表窗口

如图 3—47 所示，Chart 窗口（图表窗口）以柱形或饼形图显示各分段的采样点占用率，并显示分段列表。可以通过复制将图片粘贴到 Word 或 Excel 文件，也可以通过导出保存为 bmp/jpg/gif 等格式图片。Chart 窗口可以添加多个参数信息，通过下拉列表显示不同参数。

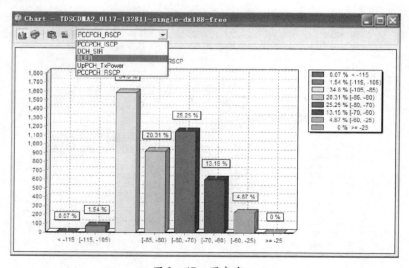

图 3—47　图表窗口

Chart 窗口支持柱状图和饼状图显示，用户可以单击 📊 🥧 图标进行切换。

11．表窗口

如图 3—48 所示，Table 窗口（表窗口）有 3 个选项卡，分别是"Series""Histogram"和"Statistics"。Table 窗口提供了导出 txt 文件、导出 mif 文件、导出文件设置功能，支持显示网格、向上/向下查找，以及使用［Ctrl］和［Shift］键对信令多选。通过 Find 功能，用户可以准确快速定位到相关参数的某个取值。

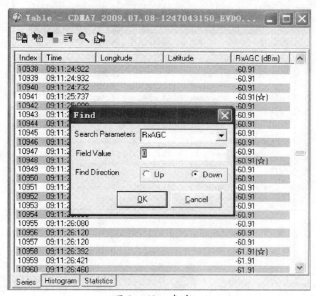

图 3—48 表窗口

Table 窗口关联到同一数据的信令和事件等其他窗口，并支持多参数的显示，用户可以通过拖曳导航栏的参数到 Table 窗口显示。Table 窗口中有星号的参数值为实际测量值，没有星号标志的为继承值。

12．事件窗口

事件窗口提供便捷的事件查找和筛选功能，可以在 Search 栏输入事件名称查找所需事件，如图 3—49 所示。单击事件窗口的属性 🔲 按钮，可以过滤显示异常事件。

事件窗口关联到同一数据的信令和其他窗口，在做数据回放时支持联动显示。

13．状态窗口

各网络的状态窗口通过右键单击数据端口，选择相应的网络状态窗口即可显示，如图 3—50 所示。状态窗口包含所有无线参数的测量信息，用户可以根据需要选择显示的参数及状态窗口，如图 3—50 所示。

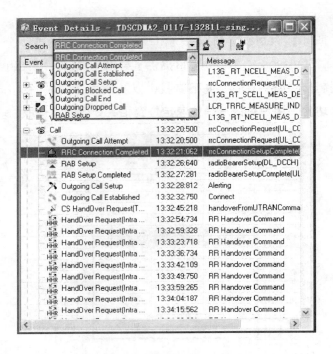

图3—49 事件窗口

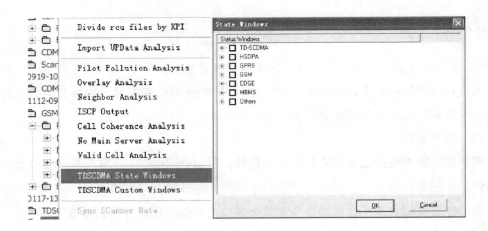

图3—50 状态窗口

CDMA 状态窗口：勾选需要显示的窗口，单击"OK"按钮，显示所选的窗口，如图3—51 所示。

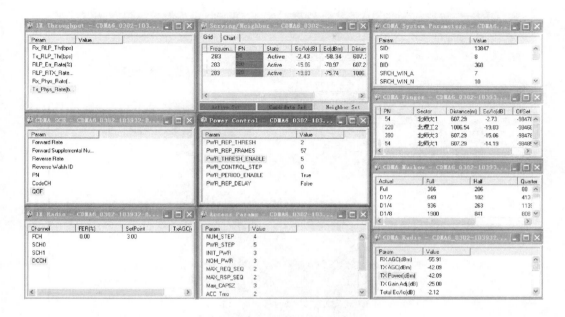

图 3—51　CDMA 状态窗口

14．地图覆盖窗口

如图 3—52 所示，地图覆盖窗口提供了 GSM、CDMA、UMTS 和 TDSCDMA 的不同参数覆盖图，在"Coverage Map Setting"对话框中，可多选参数和事件或通过端口号选择地图覆盖窗口。该功能主要针对多数据相同参数或者事件的覆盖图显示，如某个城市的 DT 数据。

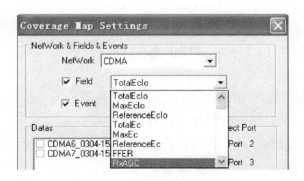

图 3—52　地图覆盖窗口设置

地图覆盖窗口支持基站、地图以及相关参数的可视化显示，支持对各参数的分段设置，并能对各个图层的显示与隐藏进行调整，如图 3—53 所示。

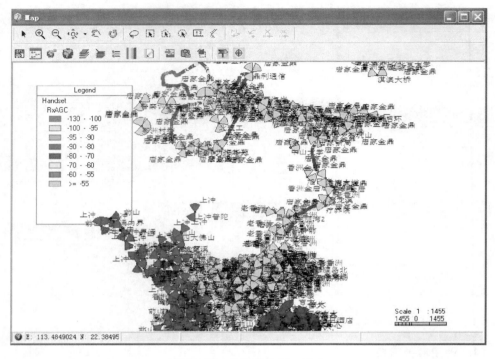

图3—53 地图覆盖窗口显示

15. 主界面显示

通过 View（视图）命令栏下的相应命令选项可以根据自己的使用习惯，对主界面的工作区、工具栏和状态栏等进行显示和隐藏设置，如图3—54所示。

3.2 测试终端（以三星 X199 为例）

手机终端作为用户接入网络的设备，为用户提供语音、短信、数据等业务。在网络优化工作中，则通过手机终端获取网络的下行主要数据，从而评估网络质量、分析网络问题。因此，终端是优化工作中的一种重要设备。测试终端的使用方式主要有单独工程模式和连接测试设备模式。

三星 X199 作为最早一批的 CDMA 测试手机，一直使用至今，有较强的典型性。三星 X199 的参数见表3—6。

图3—54 主界面显示设置

表3—6   三星 X199 参数

型号	SCH – X199
手机类型	CDMA 手机
上市时间	2002 年
手机制式	CDMA
手机频段	CDMA 2000/1x
手机外形	翻盖

1．工程模式使用方式

依次按 "M"（菜单键）"8" "∗" "1" "2" "3" "5" "8" "0" 键，即进入设置菜单页面后按 "∗" 号键，再输入 "123580"，最后选择诊断画面或者拨号界面，输入 "∗759#813580"，直接进入，如图3—55 和图3—56 所示。

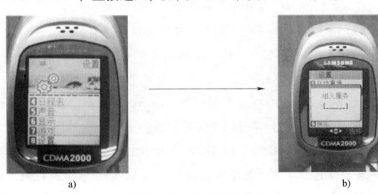

a)   b)

图 3—55 工程模式设置

a）进入设置菜单 b）组文服务输入密码 123580

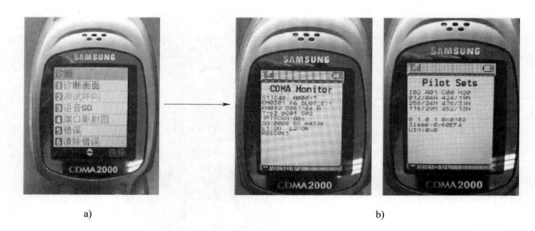

a)   b)

图 3—56 工程模式界面

a）选择诊断画面并确认　b）进入 CDMA Monitor 界面，按右方向键可进入 Pilot Sets 界面

2. 主要参数介绍

（1）CDMA Monitor（见图 3—57）。

1）S13840：表示 SID（System ID）为 13840。

2）N00017：表示网络号为 17。

3）CH0201：表示手机目前 HASH 在 201 载频上。

4）P6：手机协议版本号为 6。

5）SLOT_I：终端监听寻呼响应消息的时隙周期，1 表示 1.28 ×2 s。

6）PN012：表示手机目前占用的小区 PN 短码为 12。

7）D061：表示手机的 RX_power，−04 表示 Ec/lo 为 −4db。

8）T −63：表示手机目前的 TX_ADJ 为 −63dbm。

9）WC01：表示手机目前监听 walsh code 为 1 的 page 信道。

10）（F）：表示 FFER，误帧率。

11）SO：表示 Service Option 业务状态下才显示，3 表示 EVRC 8K 语音编码。

12）BS：表示 BASE ID，标志基站扇区的号码。

13）Pilot Sets（见图 3—58）。Pilot Sets 界面中主要显示激活集、候选集和邻区集的信息。其中第一行的 A01 表示激活集数量为 1，C00 表示候选集数量为 0，N20 表示邻区集数量为 20；第二行开始显示 PN/Eclo 和所属的导频集，例如 012/04A 表示激活集小区为 PN =12，Ec/lo = −4db。

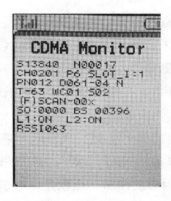

图3—57 工程模式参数显示   图3—58 Pilot Sets 界面

3. 连接计算机作为路测仪表使用

（1）安装驱动。连接手机至计算机，弹出发现新硬件信息后按照提示找到驱动所在文件夹，确认后完成安装，最后在硬件管理器中找到对应的 Modem，如图3—59 所示。

图3—59 安装驱动

双击 Modem 后查看调制解调器 COM 端口号，便于连接测试仪表时设置端口，如图3—60 所示。

图3—60 设置端口

（2）打开测试软件，设置端口 Modem 后测试。

3.3 MOS 设备

MOS 测试的思路是：对原始信号（参考信号）和通过测试系统的信号进行电平

调整，使其达到标准听觉电平，再用输入滤波器模拟标准电话听筒进行滤波。对通过电平调整和滤波后的两个信号在时间上对准，并进行听觉变换，这个变换包括对系统中线性滤波和增益变化的补偿与均衡。两个听觉变换后的信号之间的不同作为扰动（即差值）。分析扰动曲面，提取出两个失真参数，在频率和时间上累积起来，映射到对用户主观平均意见分的预测值。

简单地说，MOS 测试原理是一种模拟用户通话感知的测试，其原理是在主叫手机糅合一段模拟的音频信号，通过接受并复原被叫的信号，然后与原信号做对比，根据特定的算法计算出 MOS 值。值越大说明相似度越高，也就是网络质量越好。

MOS 盒的作用就是播放音频样本，接收通过网络传播后收到的音频信号，结合软件进行对比，做出相似度评估，也就是 MOS 值。

1．MOS 设备使用方法

每种测试仪表都有各自的 MOS 盒设备，功能都相似。以下以日讯 MOS 盒为例介绍其前后面板和工作过程。

（1）MOS 盒前后面板接口介绍

1）MOS 盒前面板，见图3—61。

图3—61　MOS 盒前面板

①DIFF1、DIFF2、DIFF3、DIFF4：用来连接 sagem 手机音频接口。

②SING1、SING2、SING3、SING4：用来连接 moto 手机音频接口。

③USB1、USB2、USB3、USB4：用来连接手机的 USB 接口。

④USB：指示灯，用来反映 MOS 盒和 PC 主机的 USB 连接情况，连接正常时此灯亮，否则灭。

⑤CHA：充电指示灯，内部电池充电时此灯亮，充满时此灯灭。

⑥PWR：电源指示灯，电源开关打开时此灯就会亮，表示系统上电，电源开关关闭时此灯灭。

⑦BAL：电池电量指示灯，电量足时此灯不亮，当电池缺电时此灯闪烁，开始闪烁后约 10 min 后系统自动关机。

2）MOS 盒后面板，如图 3—62 所示。

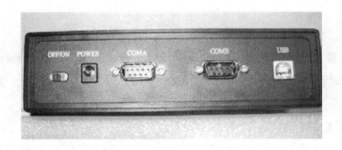

图 3—62　MOS 盒后面板

①OFF/ON：电源开关（注意：充电功能不受此开关控制，只要插上外接电源而且电池电量不满就会充电，此时前面板的"CHA"灯会亮）。

②POWER：外部电源接口，用于与 MOS 盒配置的直流电源连接。

③COMA：标准的 RS232 串口，带流控。

④COMB：标准的 RS232 串口，带流控。

⑤USB：MOS 盒与上位机通过 USB 线连接的接口。

（2）MOS 盒工作过程介绍。将 MOS 盒与计算机通过 USB 线连接，然后将电源开关旋至"ON"位置（此时如果连接外部直流电源就使用外部供电，否则内部电池将给 MOS 盒供电）。开关打开后"PWR"灯亮，如果 USB 线连接正确，则"USB"灯随后亮，开启上位机软件，MOS 盒内部加载程序初始化时"BAL"灯会点亮 10 s 左右，然后熄灭，此后可以连接手机进行语音评估操作。

注意：如果使用内部电池供电，系统可以工作 3 h 左右，当"BAL"指示灯开始闪烁时，请及时插上外接电源充电。使用完毕，将电源开关旋至"OFF"位置。

使用"DIFF1""DIFF2""DIFF3""DIFF4"接口时，对应的"SING1""SING2""SING3""SING4"不能使用，"SING1""SING2""SING3""SING4"只有在对应的"DIFF1""DIFF2""DIFF3""DIFF4"不使用时才能使用。

将 MOS 盒用 USB 连接线与计算机连接后，会提示安装相应的驱动程序。在安装驱动程序前，首先要安装 MOS 质量评估插件"Setup_ipp30"，驱动程序的安装可按提示分别选择，如图 3—63 所示。

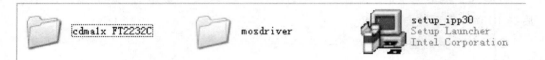

图 3—63　驱动程序安装

安装连接线驱动（cdma1x FT2232C）和 MOS 盒驱动（mosdriver）。

安装 MOS 语音评分文件（setup_ipp30. exe），双击使其运行，等待自动安装完成即可。

2. 安装 MOS 盒驱动

（1）将 MOS 盒插入计算机的 USB 口，在插入时计算机会弹出提示，如图 3—64 所示。

图 3—64　MOS 盒驱动安装（1）

选择"否，暂时不"单选按钮，单击"下一步"按钮，将弹出如图 3—65 所示界面。选择"从列表或指定位置安装（高级）"单选按钮，单击"下一步"按钮。

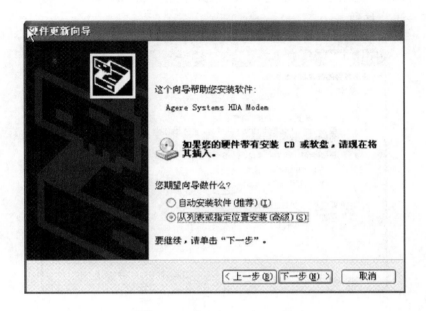

图 3—65 MOS 盒驱动安装（2）

弹出选择安装选项界面，如图 3—66 所示。

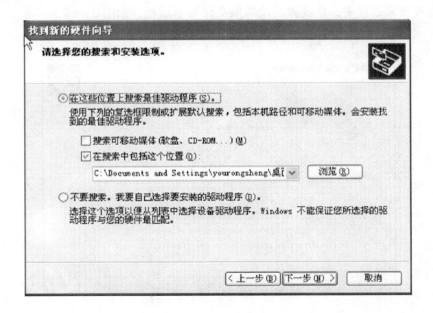

图 3—66 MOS 盒驱动安装（3）

单击"浏览"按钮，找到指定 MOS 的驱动程序（mosdriver），如图 3—67 所示，单击"下一步"按钮。

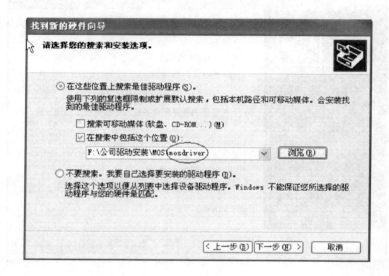

图 3—67　MOS 盒驱动安装（4）

在弹出的界面中显示正在安装软件，如图 3—68 所示。

在软件安装过程中，系统弹出"所需文件"对话框，如图 3—69 所示。

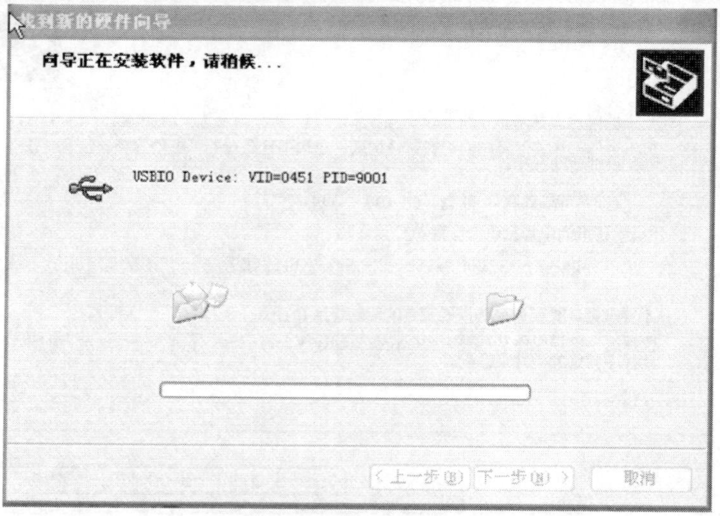

图 3—68　MOS 盒驱动安装（5）

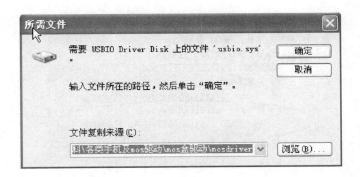

图 3—69　MOS 盒驱动安装（6）

单击"浏览"按钮，选择 mosdrive 下的 usbio 后，单击"确定"按钮，软件开始安装，如图 3—70 所示。

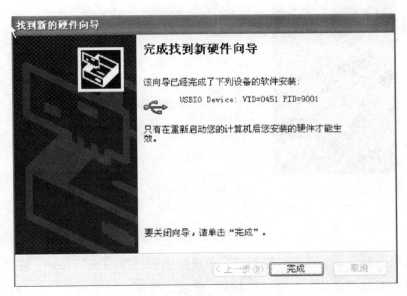

图 3—70　MOS 盒驱动安装（7）

单击"完成"按钮，MOS 驱动已经安装在计算机上。在设备管理器上可以看到"USBIO controlled devices"，如图 3—71 所示。

至此，MOS 盒子驱动程序安装完毕。

（2）安装 MOS 盒子中 USB 口和 A 与 B 两个 COM 口驱动程序及 RS232 驱动程序。在任务管理器内单击鼠标右键，扫描检测硬件改动，或将自动出现如图 3—72 所示的界面。

图 3—71　MOS 盒驱动安装（8）

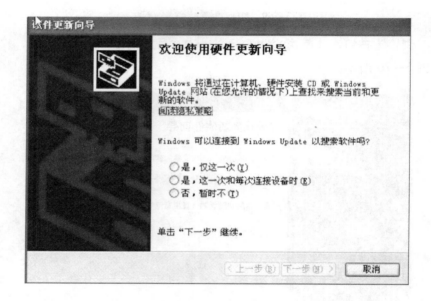

图 3—72　MOS 盒端口驱动安装（1）

用同样的方法，单击"否，暂时不"单选按钮和"下一步"按钮，在弹出的界面中选择"从列表或指定位置安装（高级）"选项，再单击"下一步"按钮，打开如图3—73 所示对话框。

单击"浏览"按钮，选择"Cdma1x FT2232C"文件夹，单击"下一步"按钮，打开如图 3—74 所示的界面，单击"继续安装"按钮。

等待安装完成，单击"完成"按钮后，完成了 COM A 口驱动程序的安装。

单击"完成"按钮后会继续安装 COM B 口驱动程序，安装方法同 COM A。

完成了 A、B 两个 COM 口的驱动程序安装，继续安装 USB 驱动程序，在装完 COM B 后，将再次弹出如图 3—75 所示的界面。

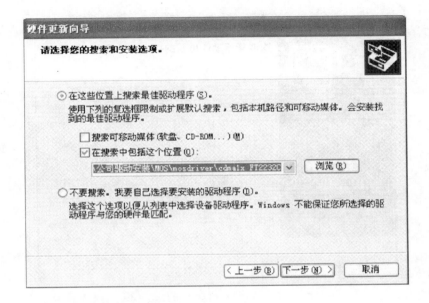

图 3—73　MOS 盒端口驱动安装（2）

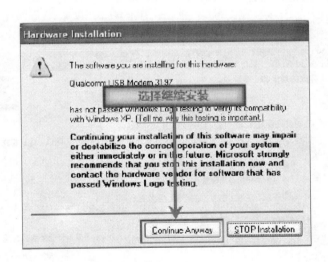

图 3—74　MOS 盒端口驱动安装（3）

　　用同样的方式、同样的方法，单击"否，暂时不"单选按钮和"下一步"按钮，在弹出的界面中选择"从列表或指定位置安装（高级）"选项，再单击"下一步"按钮。

图 3—75　MOS 盒端口驱动安装（4）

单击"浏览"按钮，选择"cdma1x FT2232C"文件夹，单击"下一步"按钮，如图 3—76 所示。

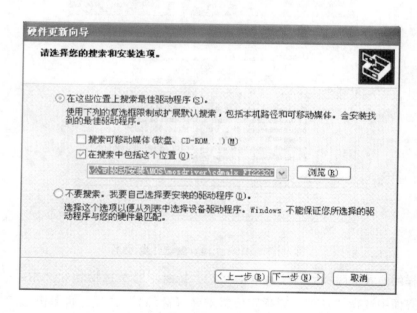

图 3—76　MOS 盒端口驱动安装（5）

等待安装，弹出如图 3—77 所示的界面，单击"继续安装"按钮。

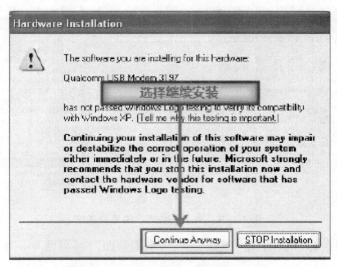

图 3—77　MOS 盒端口驱动安装（6）

安装完成后即完成两个 UBS 口的驱动程序安装。可用同样的方式完成另外两个 USB 口驱动程序的安装。最后到设备管理器中确认，在设备管理器上将会看到有两个新的 COM，即此刻 COM71 和 COM72，如图 3—78 所示。

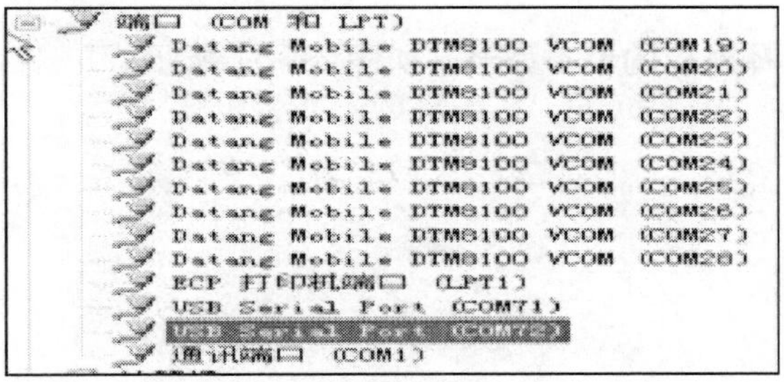

图 3—78　MOS 盒端口驱动安装（7）

更新 usbio. sys 文件。

安装完成后，把 usbio. sys 文件复制粘贴到 C：\ WINDOWS \ system32 \ drivers 目录下，覆盖原文件。

3．路测软件设置

MOS 盒安装完成后，将测试手机（以 KX256 为例）连接至 MOS 盒的 USB1、USB2。此时手机会自动安装 RS232 驱动程序，并且在端口上新分配了此刻所属手机的端口（81 和 82、95 和 96），如图 3—79 所示。

图3—79 测试手机连接的端口显示

打开 NATSPT 软件，选择"视图"→"采集视图"菜单命令，单击"添加设备"按钮，如图3—80 所示。

图3—80 添加设备

在设备列表中选择对应的设备型号，如图3—81 所示。

图3—81 选择设备型号

在右侧弹出的窗口中的 Trace 端口下拉列表中选择手机在 MOS 盒中的端口 81（选择端口较小的），Modem 端口 Ignore（不做数据业务时忽略），如图3—82 所示。

图 3—82 端口选择

继续添加完成两部手机的 Trace 端口设置后，会出现如图 3—83 所示的界面，显示所连接的设备。

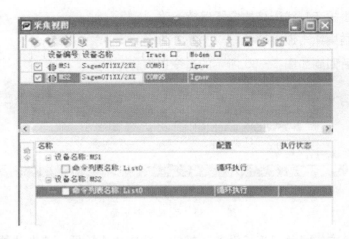

图 3—83 连接设备显示

随后为设备添加 MOS 测试的脚本，如图 3—84 所示。

根据要求依次设置图 3—84 中所画出框内的参数。

输入被叫手机号码。

MOS 设备号为 Device0，在 MOS 盒驱动程序安装完毕后会自动出现。

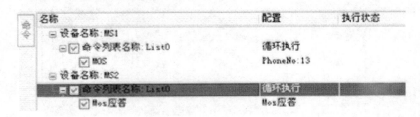

图 3—84　添加测试脚本

通道须和手机音频线所接的位置保持一致。

根据测试结果适当调整增益。

设置完毕后回到如图 3—85 所示的命令界面。

图 3—85　返回命令界面

单击软件上方的绿色"连接设备"按钮，待成功连接后，单击"执行脚本"按钮开始测试，如图 3—86 所示。

图 3—86　连接

3.4 GPS

全球定位系统（Global Positioning System，GPS）由美国研制，其中文简称为"球位系"。整个系统由 24 颗卫星组成，分为空间、地面监控和用户接收机 3 大部分，提供迄今为止最高精度的定位。

GPS 设备在网优工作中主要提供定位功能，一般用做路测时的轨迹记录、基站勘查时经纬度记录等。GPS 的接收频率为 1 575.42 MHz。

目前，常用 GPS 包括手持式串口 GPS、USB GPS 接收器、蓝牙 GPS 接收器。

3.4.1 手持式 GPS

手持式 GPS 主要有 GARMIN 系列的 GPS，可以直接在屏幕上读取经纬度、航向、航速等数据，适用于现场定位和路测轨迹记录。它需要通过串口线连接至计算机，计算机必须有串口，无须驱动程序。其体积相对较大，需要单独的电池供电。GARMIN eTrex 外型如图 3—87 所示。

GPS 定位均为自动方式，一般使用只需要在室外无明显阻挡的位置手持片刻便能成功获取经纬度信息。具体定位所需时长和卫星信号强度有关，在多云的天气或者密集楼群之间的室外定位时长会略有增加。如果在空旷的室外长时间无法定位，则要考虑是否存在干扰。

GPS 的主要参数有时间、显示、单位、接口、系统 5 个选项（见图 3—88），常用的为单位和接口两个设置。

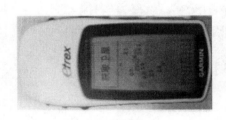

图 3—87　手持式 GPS

图 3—88　参数设置

进入"单位"设置后有3个选项，"位置格式"表示定位后的经纬度显示的格式，常用的有度分秒、度、度分，一般选用度为单位，便于计算和配合 GIS 软件使用（见图3—89）。

图3—89　格式设置

　　地图基准统一设置为目前 GPS 采用的 WGS 84 基准面，即采用 WGS 84 椭球面。单位则设置为公制，即国际单位。

　　接口设置主要是设置波特率，特别是连接计算机传输 GPS 数据时必须设置为4 800 bps，否则可能出现无数据上传的问题。图3—90 所示为接口设置。

图3—90　接口设置

3.4.2　USB GPS 接收器及蓝牙 GPS 接收器

1. USB GPS 接收器简介

　　USB GPS 接收器即通常所说的 USB 口的 GPS，它只能在连接至计算机的 USB 口后才能使用。USB 口 GPS 体积小巧，相当于手持式 GPS 的延长天线，无须单独的电池供电，而且价格便宜。图 3—91 所示为 USB 口 GPS。

USB 口 GPS 连接计算机时需要安装驱动程序，安装后会出现一个虚拟的串口传输数据，无需设置蓝牙 GPS 接收器。

如果计算机有蓝牙功能，可以采用蓝牙方式连接，以节省计算机的 USB 口，只要在视距内就可以避免数据线的束缚，在测试高速铁路时尤其方便。图 3—92 所示为蓝牙 GPS。

图 3—91　USB 口 GPS

图 3—92　蓝牙 GPS

2. 蓝牙连接方法

首先开启 GPS 电源及计算机的蓝牙功能，打开"我的 Bluetooth 位置"窗口，查看有效范围内的设备，如图 3—93 所示。

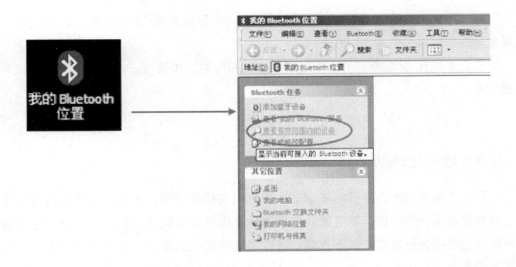

图 3—93　连接蓝牙 GPS

找到设备后进行设备配对，根据产品说明书输入安全代码，这里为"0000"，如图 3—94 所示。

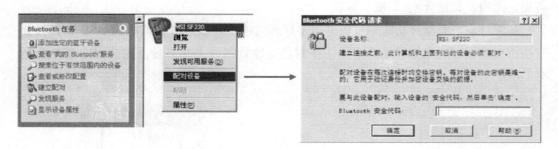

图 3—94　蓝牙 GPS 配对

单击"确定"按钮，出现如图 3—95 所示的配对后，打开设备，连接蓝牙串行端口，最后从测试软件中或者使用 GPS Info 等软件确认 GPS 状态。

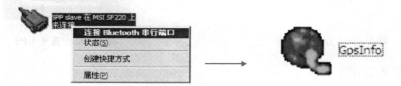

图 3—95　蓝牙 GPS 连接确认

3. GPS Info 使用介绍

Scan Com Port 找到 GPS 后可以通过 GPSinfo 界面查看 GPS 状态，GPS 的端口就是蓝牙通信端口，如图 3—96 所示。

定位后可以在 GPS 状态界面中看到经纬度和时间，如果在运动状态，还有速度等信息。

3.5　地理化辅助工具

在网优工作中，无论是网络规划环节还是网络优化环节，无论是对路测数据的分析还是对性能指标的分析，都需要掌握周边的地理环境和站点的位置等信息。这些信息往往通过表格进行存储，很不直观。通过地理化辅助工具，可以将这些数据直观地呈现在地图上。

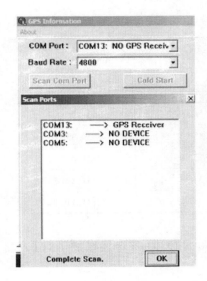

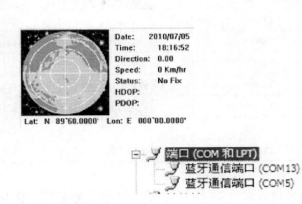

图 3—96　蓝牙 GPS 状态确认

目前，日常网优工作中常用的此类工具有 Mapinfo 和 Google Earth。

3.5.1　Mapinfo

Mapinfo 的主要功能有信息的地理化呈现、基站位置查询、数据统计地理化呈现以及通过各种插件在地图上呈现更多的基站信息。

1. 地理化呈现

首先需要准备数据源。数据源的第一行应为标题行，数据源的数据内容必须包含位置信息（经纬度）的数据。数据中除了含经度和纬度，同时可以包含此位置相关的其他信息，如站名、站号等，见表3—7。

表3—7　　　　　　　　　　　　　基站数据

站号	站名	Long	Lat
C1262	万里	121. 527 5	31. 086 13
C0612	金陵	121. 488 3	31. 233 58
C0614	泰兴	121. 451	31. 239 64
C0668	交通	121. 396 9	31. 270 48
C1014	罗秀	121. 438 6	31. 135 28
C1125	永丰	121. 215 3	31. 005 46
C1222	浦东南	121. 514 2	31. 224 89

续表

站号	站名	Long	Lat
C0905	临潼	121.508 7	31.253 55
C0911	启航	121.784 7	31.179 51
C0967	台海	121.562 9	31.151 41
C1046	南桥沪杭	121.450 3	30.933 63
C1159	小昆山	121.134 9	31.033 47
C0936	丹巴	121.376 3	31.225 35
C1033	宝钢冷轧	121.457 1	31.349 33

数据源支持 txt 和 Excel 的 xls 格式的文件，在 Mapinfo 10.0 中还增加了对 Excel 2007 新版 xlsx 格式的文件数据源的支持。

打开 Mapinfo 软件，选择"File→Open"菜单命令，打开需要进行地理化呈现的数据文件。

依次进行以下操作：

选择第一行作为标题行，如图 3—97 所示。

确认各字段的数据类型，注意经度和纬度字段对应的数据类型必须是 Float，如图 3—98 所示。

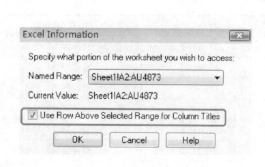

图 3—97　数据文件导入

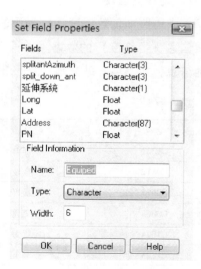

图 3—98　确认字段的数据类型

单击"OK"按钮，选择"Table"→"Create Points"菜单命令，在弹出的对话框中开始打点。

设置好呈现用的图标和颜色，以及经纬度各自对应的数据，如图3—99所示。

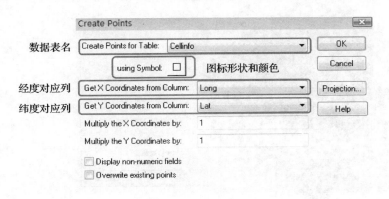

图 3—99 设置数据

完成后会在源数据文件的相同目录下生成文件名为"源数据文件名.tab"的图层文件，打开后得到如图3—100所示的图层。

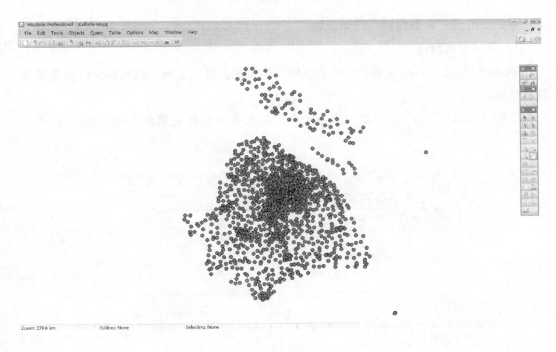

图 3—100 生成图层

193

选中工具栏中的 info 工具，单击某个点，会在新窗口中显示该点的其他相关信息，如图 3—101 所示。

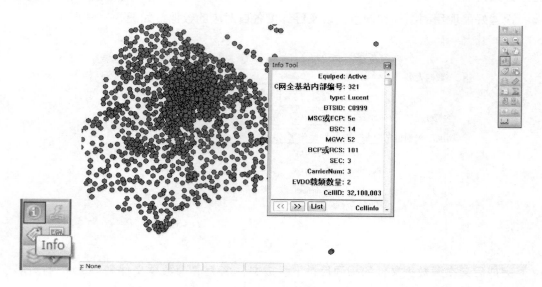

图 3—101　信息显示

至此便完成了源数据的地理化呈现。

2．基站位置查询

Mapinfo 可以对其生成的图层根据关键字的值进行数据查询，找到相关的查询记录及其位置。

选择"Query"→"Select"菜单命令，弹出查询条件设置对话框，如图 3—102 所示。

图 3—102　查询条件设置对话框

可以直接在对话框中输入查询条件，也可单击"Assist"按钮，在弹出的"Expression"对话框中设置查询条件，如图 3—103 所示。

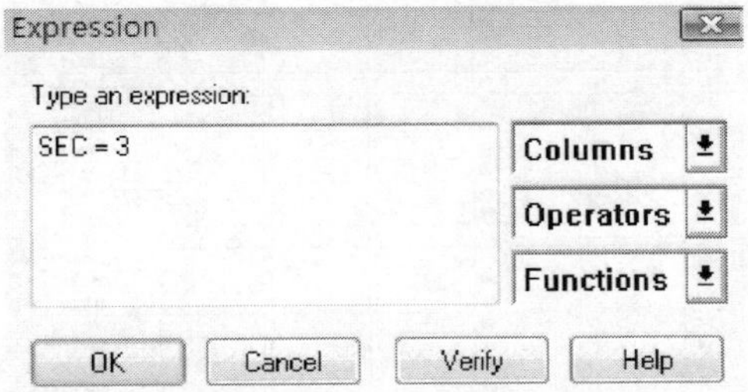

图 3—103　查询条件设置

"Columns"用于设置查询字段，"Operators"用于设置运算符，"Functions"用于设置函数。

设置完查询条件后即可进行数据查询，如图 3—104 所示。

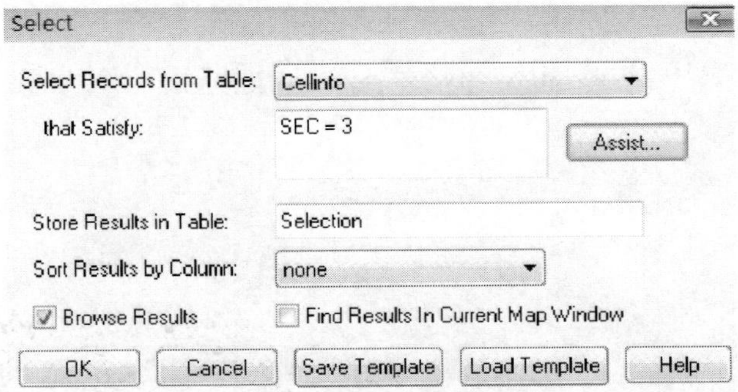

图 3—104　数据查询

选择"Browse Results"复选框，可将查询结果以表格的形式呈现出来，如图 3—105 所示。

选择"Find Results In Current Map Window"复选项，可将查询结果在图形界面高亮呈现，如图 3—106 所示。

3. 数据统计

Mapinfo 支持对图层中的信息进行统计并分类图形化呈现。

选择"Map"→"Create Thematic Map"菜单命令，在弹出的对话框中有基于区间、数值、柱状图和饼状图等统计方式，如图 3—107 所示。

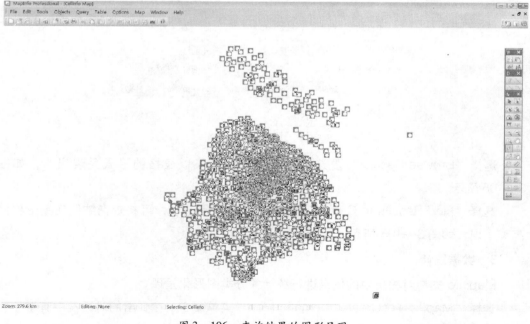

图 3—105　查询结果的表格呈现

图 3—106　查询结果的图形呈现

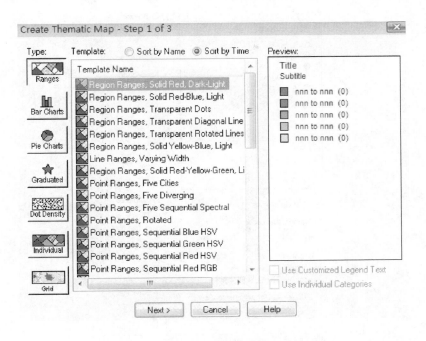

图 3—107　数据统计

选中所需采用的统计方式后，即可进一步设置，这里以数值统计方式为例，如图 3—108 所示。

图 3—108　数值统计

选择好统计对象后就可以设置不同对象的图例，首先看到的是图例的示意，如图 3—109 所示。

单击"Styles"按钮，可选择要改变图例的数值，可以分别进行独立设置，如图 3—110 所示。

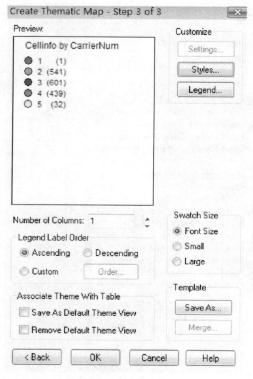

图3—109　设置图例

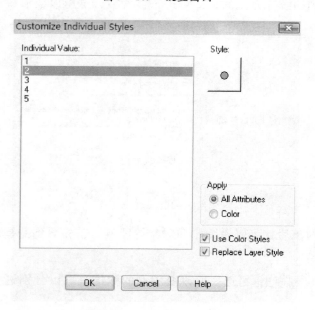

图3—110　设置图例数值

再单击"Style"按钮，可以设置图例的样式、颜色和大小，如图3—111所示。

图例样式
颜色
大小

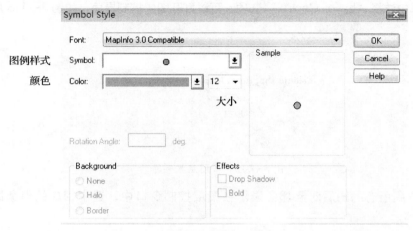

图 3—111　设置图例样式、颜色和大小

全部设置完成后即可看到统计结果的图形化呈现，如图3—112所示。

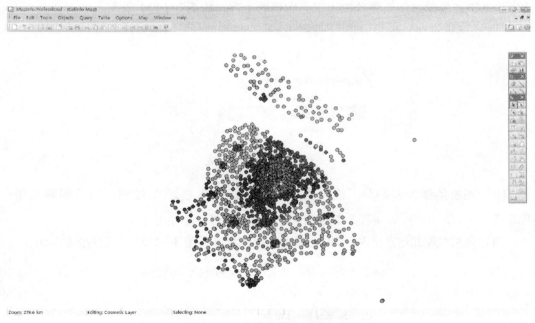

图 3—112　统计结果的图形化呈现

4. 多图层控制

实际使用中往往需要将多个图层的信息结合起来使用，Mapinfo也提供了针对多图层的控制。

选择"Map"→"Layer Control"菜单命令，或者在地图上直接单击鼠标右键，然后在快捷菜单中选择"Layer Control"选项，可以打开图层控制界面，如图3—113所示。

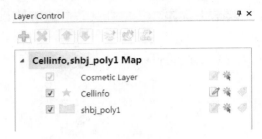

图3—113　多图层控制界面

可以看到所有的图层对象都会显示在图层控制窗口中，选中相应的对象即可进行相关操作。

图层控制的主要功能有：

（1）调整图层的叠放次序。直接在控制窗口中拖动图层对象即可。一般会将基站信息类基于点的信息图层叠放在地图类图层的上方，如图3—114所示。

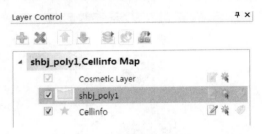

图3—114　图层叠放次序

（2）图层的添加和删除。选中图层，单击上方的"✖"按钮，即可删除图层；单击"➕"按钮，可以添加新的图层。

（3）图层控制和信息呈现。图层后面的3个图标（见图3—115）分别对应的功能是：

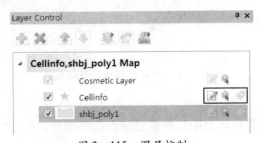

图3—115　图层控制

1）图层是否可编辑。

2）图层对象是否可选择。

3）标签设置。通过标签设置可以让不同的图层呈现不同的字段信息。用鼠标右键单击标签，选择快捷菜单中的"Layer Properties"选项，弹出的对话框中有 3 个选项卡。

① "Layer Display" 选项卡：可以设置是否采用新的图标替代原有图标，如图 3—116 所示。

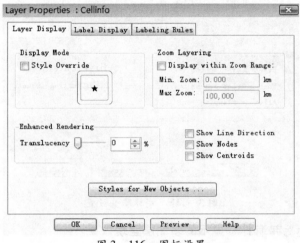

图 3—116　图标设置

② "Label Display" 选项卡：可以选择标签要显示的字段和字体，如图 3—117 所示。

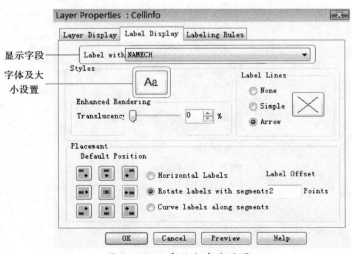

图 3—117　字段和字体设置

③"Labeling Rules"选项卡：可以设置字段是否允许重叠等显示规则，如图3—118所示。

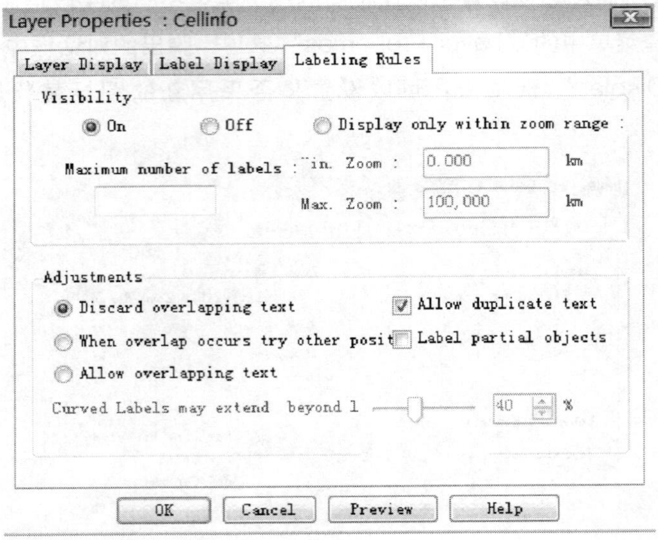

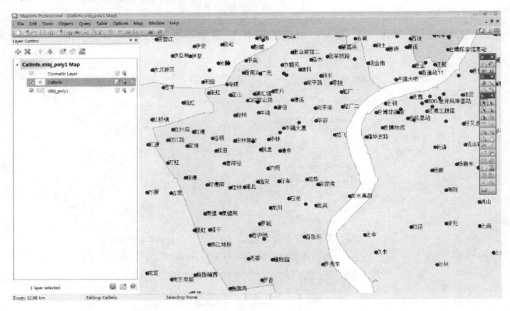

图 3—118　字体重叠设置

图 3—119 所示为带有标签显示的多图层呈现效果。

图 3—119　多图层效果

5．插件的使用

Mapinfo 本身支持第三方插件，通过这些插件可以实现更多的功能，这里以最常用的 Piano 插件为例，介绍插件的使用方法。

使用插件前，需要将插件放在 Mapinfo 安装文件夹下的 Tools 文件夹中。

Piano 插件最主要的作用是可以将各扇区的方向角信息地理化地呈现在图层中，所以在使用 Piano 插件时要注意准备的数据源中需要包含方向角信息字段。

打开 Mapinfo 软件，选择"Tools"→"Run MapBasic Program"菜单命令，选择Piano 插件，如图 3—120 所示。

图 3—120   选择插件

打开后 Piano 会出现在菜单栏中，如图 3—121 所示。

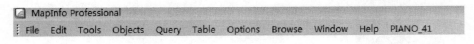

图 3—121   打开插件的菜单

打开要呈现的数据文件，选择"PIANO_41"（根据版本不同）→"Create Base Station"菜单命令。

此时先打开之前数据文件同目录下对应的 .tab 文件，如图 3—122 所示。

输入要生成图层的文件名，如图 3—123 所示。

移动通信机务员（五级　四级　三级）（移动通信基础设施）
YIDONG TONGXIN JIWU YUAN

图 3—122　可打开的文件

图 3—123　图层命名

对于 CDMA 站点在此处单击"No"按钮，如图 3—124 所示。

选择方向角对应的字段和小区半径，如图 3—125 所示。

图 3—124　站型选择　　　　　　图 3—125　参数选择

然后选择经纬度对应字段，如图 3—126 所示。

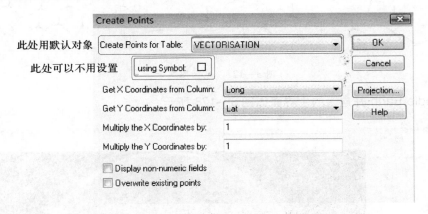

图 3—126　位置数据

设置完成后，单击"OK"按钮就可显示带有方向角信息的扇区图，如图 3—127 所示。

不同插件的调用方式是一样的，只是根据插件的功能不同，具体的操作和设置会有所差异。直接双击插件文件也可以在 Mapinfo 中打开此插件。

3.5.2　Google Earth

Google Earth 是一款虚拟地球仪软件，它采用卫星航拍图片将地表环境和地理特征展现出来，对于特定的区域和建筑还提供3D 模型呈现。通过它可以更好地掌握基站周边的地理环境。

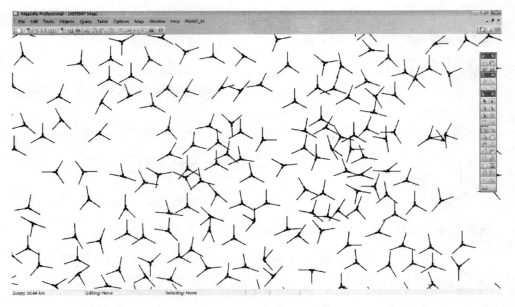

图 3—127 扇区图显示

Google Earth 开启后的主界面如图 3—128 所示。

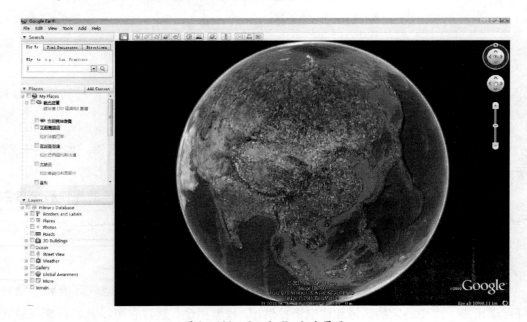

图 3—128 Google Earth 主界面

1．基本操作

通过鼠标可以完成以下操作。

(1) 移动视图。将鼠标移至3D视图区域，当鼠标图标变成张开的手掌时，按下鼠标左键，此时，图标变成了握紧的手掌，不要放开，并且开始移动鼠标，这时候视图也会跟着移动。

(2) 旋转地球。类似于上述移动视图的方法，按住鼠标左键短暂地向任意方向快速地拖动一次，然后松开，就像把地球"扔出去"一样，地球就会不停地转动起来。若希望停止转动，单击视图的任意位置即可。

(3) 缩放视图。使用鼠标来缩放视图的方式有以下几种。

1) 使用鼠标左键。选择视图中的任意点，双击鼠标左键，开始放大，双击右键则缩小，单击停止缩放，再次双击则会放得更大或缩得更小。

2) 使用滚轮。如果鼠标有滚轮，也可以利用滚轮进行缩放，将滚轮向后转动放大，向前转动则缩小，若同时按下［Alt］键，可以减小缩放幅度。

3) 使用鼠标右键。选择视图中的任意点，单击鼠标右键，当鼠标图标变成双向箭头时，向后拖动放大，向前拖动则缩小。若迅速短暂地拖动一下，就像把图像"扔出去"一样，则会不停地放大或缩小，单击视图停止缩放。

4) 使用手指。在有些触摸屏计算机上，没有鼠标，可以用左右手的各一个手指，同时指到一个地方，然后同时向侧下方移动放大视图，若同时向侧上方移动则缩小视图。

(4) 倾斜视图。如果鼠标有中间键或者可以按下的滚轮，按住该键，前后移动鼠标，可倾斜当前的3D视图。按住［Shift］键，同时转动滚轮，也可达到同样的效果。

(5) 旋转视图。和上述倾斜视图的功能类似，按住鼠标中键或滚轮，左右移动鼠标，可旋转3D视图，旋转的方向与鼠标移动方向相同。若按住［Ctrl］键，同时转动滚轮，也可达到同样的效果。

2．导航面板

导航面板位于主界面的右上方，如图3—129所示。

导航面板操作见表3—8。

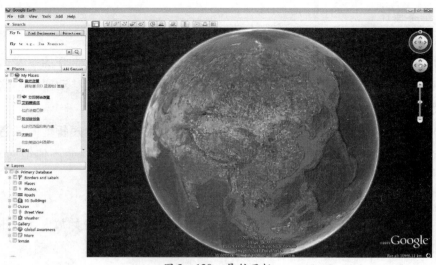

图3—129 导航面板

表3—8 导航面板操作

面板	操作
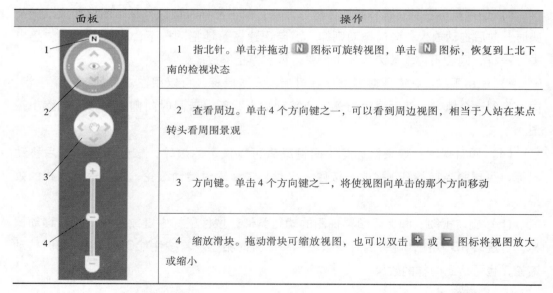	1 指北针。单击并拖动 N 图标可旋转视图，单击 N 图标，恢复到上北下南的检视状态
	2 查看周边。单击4个方向键之一，可以看到周边视图，相当于人站在某点转头看周围景观
	3 方向键。单击4个方向键之一，将使视图向单击的那个方向移动
	4 缩放滑块。拖动滑块可缩放视图，也可以双击 + 或 − 图标将视图放大或缩小

3．倾斜视图

通过倾斜视图可以从多个角度观察复杂的地形，如图3—130所示。

（1）0°~90°观察地形。可以用鼠标或导航面板来控制3D视图的倾斜角度，这样就可以从不同的角度来观察正在浏览的区域，最大倾斜角度可达90°，相当于和被观察区域在同一个水平面上。

垂直视图

水平视图

图 3—130　多角度视图

（2）启用地形。选择"Layers"面板下的"Terrain"。

（3）旋转视图从各个方向观察。当倾斜观察一个山丘目标时，可以转动视图，围绕这个目标，从东、南、西、北各个方向来观察目标。

（4）使用鼠标中键或滚轮进行更流畅的操作。可以使用鼠标中键或滚轮进行使视图倾斜、旋转等操作。

4．查找位置

通过查询面板可以找到指定的位置。查询面板在主界面的左上方，如图 3—131 所示。

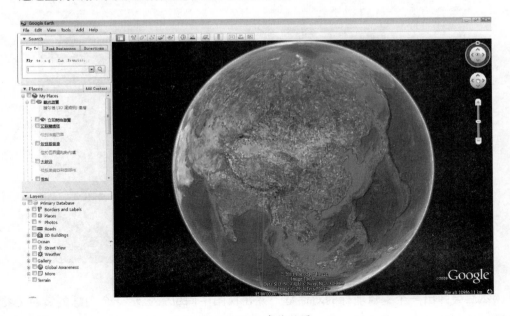

图 3—131　查找位置

在"Fly To"选项卡中，输入要查询的对象即可。可选择的查询条件见表3—9。

表3—9　　　　　　　　　　　　　　支持的条件

格式	示例
城市，州	Buffalo, NY
城市国家或地区	Shanghai China
门牌号街道城市州	1600 Pennsylvania Ave Washington DC
邮政编码	90210
纬度，经度	小数格式 37.7，−122.2；度、分、秒格式 37°25′19.07″ N，122°05′06.24″ W，或 37 25 19.07 N，122 05 06.24 W

在"Find Businesses"选项卡中，还支持直接输入商家名称查询对象。

5．制作地标

通过以下方法可以在 3D 视图中的任意位置创建一个地标。

（1）标注位置。将视图定位到需要标注的地方，并将视图缩放到最合适的大小，再任选下面一种方式标注地标。

1）选择"Add"→"Placemark"菜单命令。

2）单击工具栏中"图钉"样的图标，如图3—132所示。

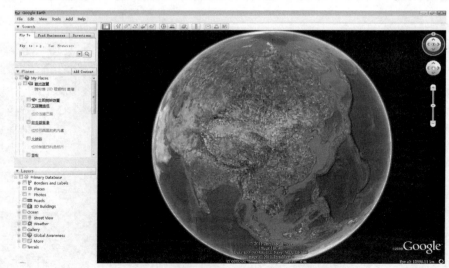

图3—132　标注地标

然后会弹出一个编辑地标的对话框，并在视图中间位置显示一个闪烁的黄色方框。将鼠标移到黄框上，当鼠标变成一个手指状图标时，拖动鼠标，将黄框拖到需要标注的位置。若知道想要标注位置的经纬度，也可以在该对话框中手工输入，Google Earth 会自动定位到输入的位置，如图3—133 所示。

图 3—133　自动定位

（2）设置地标的属性。在"New Placemark"对话框中进行如下设置：

1）Name：地标的名称，该名称将会显示在"Places"面板中。

2）Description：地标描述，这部分内容支持使用 HTML 书写。

3）Style，Color：为地标图标选择颜色、大小和透明度。

4）View：设置地标位置。若要了解每个参数的作用，将鼠标移到相应的输入区上面，查看提示。

5）Altitude：在视图里查看地形时，可以将地标图标显示在空中，这个选项就是用来设置显示的高度的。勾选"Extend to ground"复选框，则会显示一条与地面垂直的线。

6）图标：单击对话框右上角的图标按钮，选择地标图标的样式。

单击"OK"按钮，完成地标的创建，效果如图3—134 所示。

图 3—134　地标属性设置及其效果

6. 测量距离和面积

Google Earth 提供了多个用于测量距离和估算面积的工具，如图 3—135 所示。用户可以根据不同情况选择相应的测量工具。

图 3—135　测量工具

（1）Line：直线，所有版本的 Google Earth 都支持使用直线来测量，直线是连接两个点的图形，测量结果是两点之间的直线距离。

（2）Path：曲线，同样也适用于所有版本的 Google Earth，它是连接两个或多个点之间非闭合的图形，测量结果是所有连接点所组成的曲线之间的距离。

（3）Polygon：多边形，仅适用于 Google Earth Pro 版本，它是连接至少 3 个点之间的闭合图形，测量结果是该图形的周长和面积。

（4）Circle：圆，仅适用于 Google Earth Pro 版本，它的测量结果是该圆的周长、半径以及面积。

下面介绍使用测量工具测量距离、面积或圆周长的基本操作步骤。

步骤一：将 3D 视图定位到想要测量的区域，并确保视图没有倾斜，即垂直俯视的方式，为了万无一失，最好按一下［U］快捷键，另外，应关闭地形功能，以保证测量的准确性。测量工具仅根据各点的经纬度来计算，而不考虑海拔的变化。

步骤二：选择"Tools"→"Ruler"菜单命令，或者单击工具栏上的"直尺"测量图标，弹出"测量"对话框，最好将对话框移动到不会妨碍测量的位置。

步骤三：视需要选择 Line（直线）、Path（曲线）、Polygon（多边形）或 Circle（圆）中的一种测量工具，并选择一种度量单位。

步骤四：在3D视图"画"出测量的范围，结果会自动显示在"测量"对话框中。

7. KML文件及插件的使用

KML（Keyhole Markup Language，Keyhole标记语言）是一种XML语法格式的语言，可用于保存诸如点、线、图像、多边形或3D模型等特定的地理信息，可被Google Earth、Google Maps或微软公司的Virtual Earth打开。可以与使用KML文件的其他使用者一起分享使用Google Earth或Google Maps创建的对象。

通过KML文件，可以将含经纬度的基站及其他信息呈现在3D的Google Earth视图中。但对于庞大的基站信息，手动去编写KML文件的工作量是非常巨大的，可以通过一些插件的帮助来完成基站信息在Google Earth中的呈现。

这里介绍一个可将Mapinfo图层中的基站信息转换为KML文件的Mapinfo插件GELink。插件使用的准备工作请参考Mapinfo插件使用的相关章节。

首先在Mapinfo中运行GELlink工具，运行后GELink插件会出现在工具栏中，如图3—136所示。

图3—136 打开插件的菜单

然后在Mapinfo中打开相应的图层，并在图层中选择一个或多个要显示在Google Earth中的对象，如图3—137所示。

单击GELink的"Export Map to Google Earth"按钮，如图3—138所示。

选择生成KML文件的对象，如图3—139所示。

单击"OK"按钮，在弹出的对话框中进行设置，如图3—140所示。

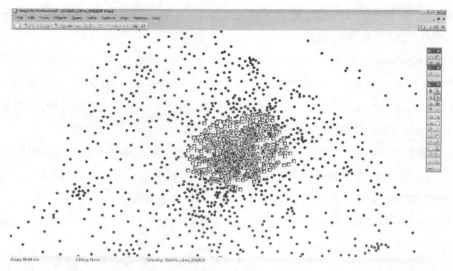

图 3—137　选择显示对象

图 3—138　运行插件

图 3—139　生成文件选择

图 3—140　内容设置

各项设置内容如下：

（1）Output Path：输出目录。

（2）File Name：输入文件名。

（3）Description：输入文件描述。

（4）Select the Source for the Place Name：选择地标呈现名称对应的字段。

（5）Position Objects：设置高度，几个选项分别为

1）Follow Terrain。符合地形。

2）Height Value。指定高度（单位：m）。

3）Height Field。选择高度对应的字段，这样每个地标可以有自己的高度。

4）Extend Objects to Ground。将地标拉伸至水平面。

设置完成后便可在指定目录生成 KML 文件，效果如图 3—141 所示。

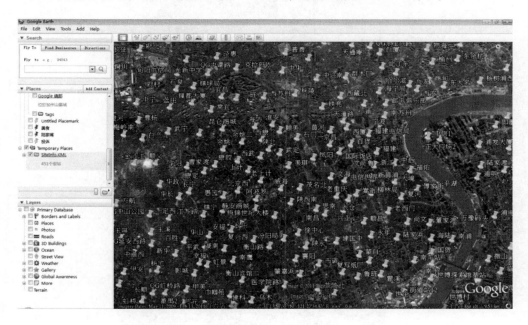

图 3—141　显示效果

通过丰富的插件还可以实现更多的内容，大家可以在实际使用中尝试，这里不再赘述。

通过地理化辅助工具的帮助，可以在进行分析时更好地掌握现场的实际环境，并可以看到全局的网络结构，对网优工作有非常大的帮助。

3.6 频谱分析仪

3.6.1 泰克（YBT250）扫频仪的使用

1. 外观介绍

（1）整体外形（见图3—142）

图3—142　泰克扫频仪

（2）前面板（见图3—143）

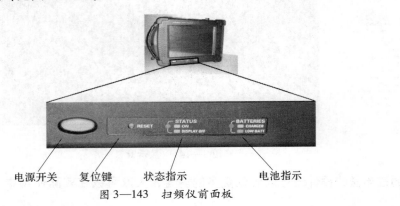

电源开关　复位键　状态指示　　　电池指示

图3—143　扫频仪前面板

（3）右面板（见图3—144）

（4）左面板（见图3—145）

（5）测试端口（见图3—146）

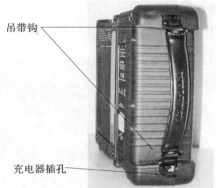

吊带钩

充电器插孔

PCMCIA 插槽

图 3—144　扫频仪右面板　　　　　　图 3—145　扫频仪左面板

图 3—146　扫频仪测试端口

（6）扫频仪 I/O 端口（耳机、RJ45、RS232、键盘、USB1、USB2）　（见图 3—147）

图 3—147　扫频仪 I/O 端口

（7）电池仓（主用、备用）（见图 3—148）

图 3—148　扫频仪电池仓

（8）常用附件

1）手持天线（见图3—149）

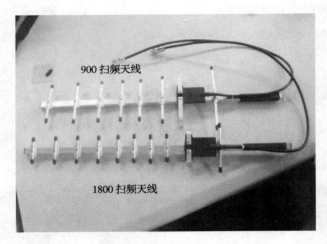

图3—149　手持天线

2）GPS 组件（见图3—150）

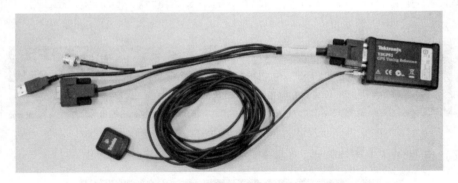

图3—150　GPS 组件

2．基本操作步骤

（1）开机。按下电源开关（启动键），如图3—151 所示。

（2）启动 YBT250 程序。开机后双击"YBT250"图标，打开扫频程序，如图3—152所示。

（3）随后就可看到 YBT250 操作界面，如图3—153 所示。

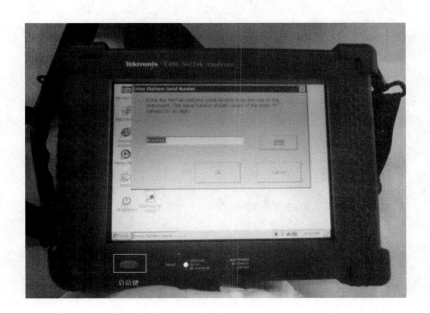

图 3—151　开机画面

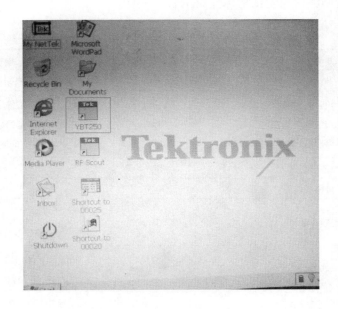

图 3—152　运行程序

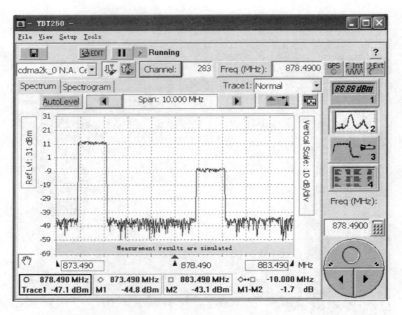

图3—153 操作界面

3．CDMA 无线网络常用测试指标介绍

CDMA 无线网络常用测试指标介绍见表3—10。

表3—10　　　　　　　　　测试指标介绍

序号	测试项目	YBT250 表达	指标要求
1	PN 偏置	PN OS	根据规划设定
2	导频时间容限 （即理想 PN 序列起点与 实际 PN 序列起点的时间差）	Tau	同基站各扇区间 < 1 μs， 不同基站扇区间 < 10 μs （空间测试无意义）
3	波形理想度	Rho	> 0.912
4	矢量幅度误差	EVM	< 45% RMS
5	射频总功率	RF Power	应在厂家额定功率的 + 2 dB 和 − 4 dB 之间
6	导频功率	Pilot Power	导频信道功率与总功率 应在配置值的 5 dB 范围内
7	码域功率	Code Domain Power	导频、寻呼及同步信道之间相差 ± 0.5 dB，非激活信道的码域功率 比导频信道功率低 27 dB 以上

续表

序号	测试项目	YBT250 表达	指标要求
8	杂散抑制	ACPR	偏离中心频率≥750 kHz 时（带内），ACPR≥45 dB；偏离中心频率≥1.98 MHz 时（带外），ACPR≥60 dB
9	峰值/平均功率比	Peak/Average	6~12 dB
10	发射机频率偏差（$\triangle f$）	Carrier Frequency Error	$\leqslant \pm 0.05 \times 10^{-6}$（$\triangle f = f \times 10^{-6}$）
11	占用带宽	OBW	$\leqslant 1.2288$ MHz

4．CDMA 基站射频指标测试

（1）连接。从基站射频输出口直接测试的连接如图 3—154 所示。

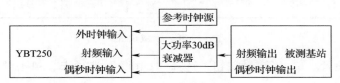

图 3—154　连接示意图 1

从基站监测口测试的连接如图 3—155 所示。

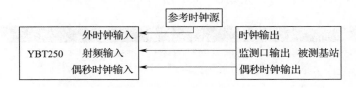

图 3—155　连接示意图 2

测试 CDMA 系统基站发信机指标时，基站的偶秒时钟（Even Second Clock）必须与 YBT250 仪表的 TIMIN INPUT 端子连接，否则 PN 偏置及导频时间容限将无法测试；外时钟输入（即 FREQUENCY REFERENCE INPUT 端子）信号可以由 GPS 提供。

（2）衰减设置。单击 EDIT 按钮，选择"Inputs"选项卡。若从基站射频输出口直接测试，则选择"External attenuator connected"（连接外部衰减器）单选按钮，输入衰减值 30 dB，测试结果读数为真实值。由于被测基站的监测口输出信号是衰减 30 dB 后的信号，所以从基站监测口测试，仍然选择"External attenuator connected"单选按钮，并输入衰减值 30 dB，这样得到测试值为真实结果，无须人工换算，如图 3—156 所示。

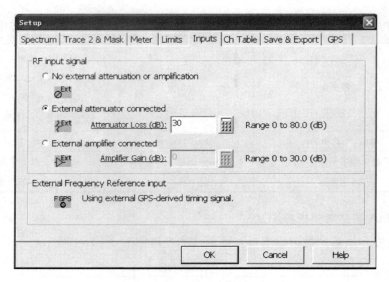

图 3—156　衰减设置

（3）门限设置。单击 [EDIT] 按钮，选择"Limits"选项卡，单击"Enable All"按钮，将按照标准值设置，也可以利用小键盘设置新门限值。下方可选中测试超限时仪器的反应，如蜂鸣告警（Play sound）、暂停（Pause）、输出屏幕（Export screen）、存储结果（Save results）等，如图3—157所示。

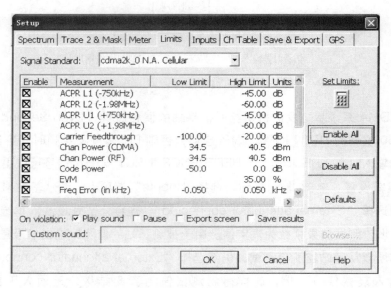

图 3—157　门限设置

（4）存储设置。单击 [3D EDIT] 按钮，选择"Save & Export"选项卡，将存储结果文件的属性（文件前缀、注释、测试人、地点等）填入，还可将经纬度记录在结果中。需要保存测试结果时，只需单击屏幕上的 📷 图标。可以自动添加编号，便于记录管理，如图3—158所示。

图3—158　存储设置

（5）重置仪表（Preset）。按照所选制式恢复到频谱测试状态，如图3—159所示。弹出提示对话框，单击"OK"按钮，如图3—160所示，出现频谱图。

图3—159　重置仪表

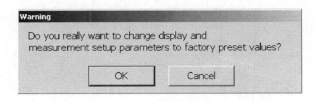

图3—160　调出频谱图

（6）中心频点设置。选择被测频谱中心频率，并将被测基站输出频谱的中心频率置于屏幕中心。单击 [Channel] 按钮，输入频道号，以 CDMA 1X 信道号为 201 频点为例，单击 [⇩⇧] 按钮选择下行信道，单击 [▲↑] 按钮将201信道置于中心，单击 [◀] 按钮调整，如图3—161所示。

SPAN（频谱宽度）为 10M，单击 [AutoLevel] 按钮将显示调整到最佳位置，如图3—162所示。

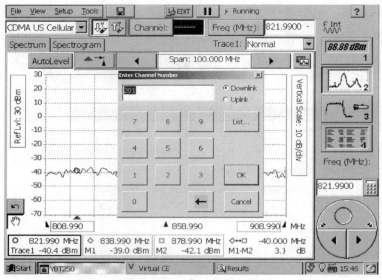

图3—161 中心频点设置

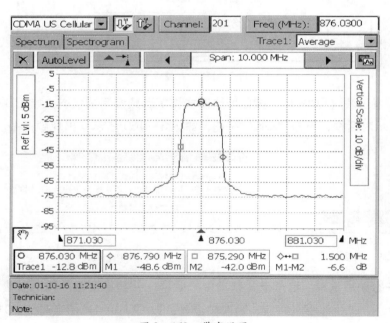

图3—162 带宽设置

（7）自动序列测试。单击 ▦ 按钮进入自动序列测试菜单，如图3—163所示。

单击"Select Measurement"按钮，在菜单里选择测试项目，单击 ▮▮ 按钮停止测试，单击 ▤ 按钮进行存盘操作。

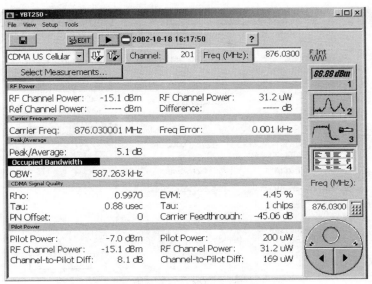

图 3—163　自动序列测试设置

（8）单项指标测试。按照基本操作步骤做好测试准备，单击 89.88 dBm 按钮进入如图 3—164 所示的界面。

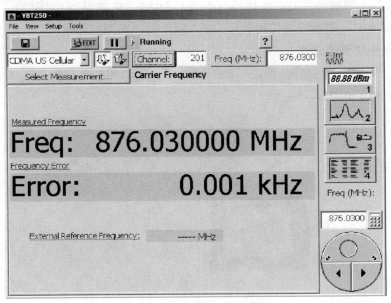

图 3—164　单项指标测试

图 3—164 显示的是上一次测试的项目，图中为 CDMA 发信机频率误差。单击 "Select Measurement" 按钮，进入选择界面，如图 3—165 所示。

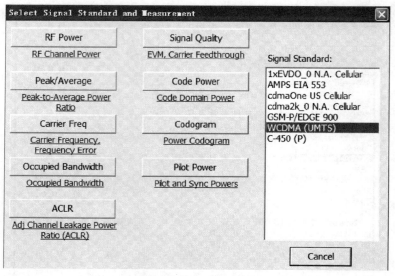

图 3—165 指标选择

大多数项目可在自动序列中测试，部分项目必须在单项测试中进行，如码域功率、码谱、EVDO 突发功率模板等。

（9）关机。使用完毕后，选择"File"→"Exit"命令退出 YBT250，然后在桌面选择"Shutdown"图标或按住电源开关 3 s 以上关闭泰克扫频仪。

5．用于干扰频谱排查

以排查 CDMA 上行频段（825~835 MHz）范围内的干扰为例。

（1）连接（见图 3—166）

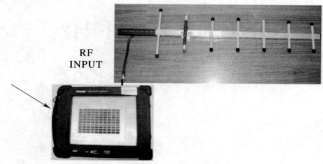

图 3—166 干扰排查连接

（2）操作步骤

1）单击 ┃Ⓜ┃ 按钮，选择频谱模式，设置频段（见图 3—167），在选项中选择适当的频率段，如"cdma2k_0N. A. Cellular"。

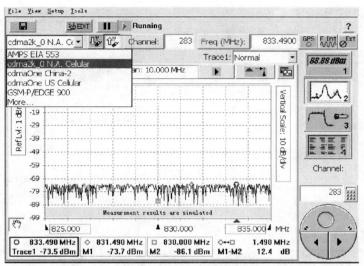

图 3—167　频谱模式设置

2）设置屏幕显示的频率范围。单击图 3—168 中"1"处，再单击图中"2"处，则能对显示的频率范围的起始值进行设置（输入数值后选择"MHz"，则设置了显示的频率范围的起始值为 825 MHz），同样也可以设置显示频率范围的终止值为 835 MHz。

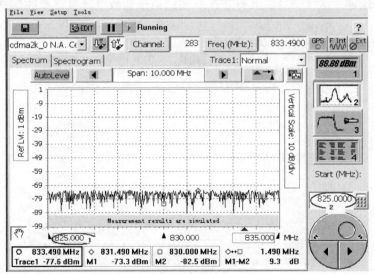

图 3—168　频率范围设置

3）设置显示电平方式（见图 3—169）。可设置显示电平的方式有正常显示（Normal）、显示平均值（Average）、显示最小值（Min Hold）、显示最大值（Max Hold）或显示最小／最大值（Min/Max Hold）。

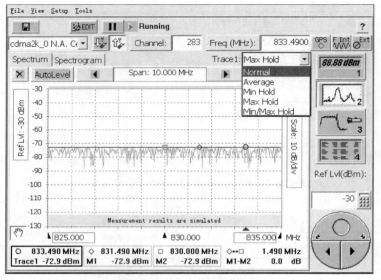

图 3—169　设置显示电平方式

4）读数。将这些设置好后就可以看到扫频得到的二维电平图。单击如图 3—170 所示窗口下方标记框，然后再单击轨迹上的某点，即可从对应的标记框内读出相应频点的信息（如场强、频点等）。共有 3 个标记点用于读数或计算带宽的信息。

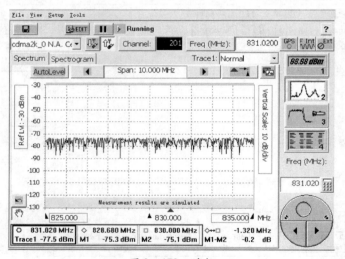

图 3—170　读数

5）显示三维（时间、频率、场强）频谱图。单击 Spectrogram 按钮，用三维图来确定干扰的频点（横轴）出现的时间（纵轴）和场强（颜色），如图 3—171 所示。

6）用八木定向天线指向可疑干扰源，反复查找直至找到干扰源，如图 3—172 所示。

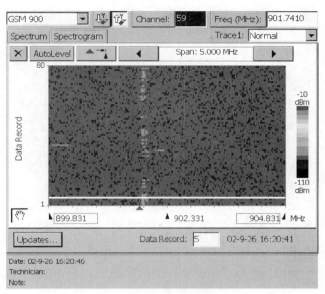

图 3—171   三维频谱图

产生干
扰的设备

图 3—172   定位干扰源

7）单击 AutoLevel 按钮，使轨迹清楚地显示在二维频谱（单击 Spectrum 按钮可进入）窗口内，如图 3—173 所示。

（3）测量结果的保存。选择"File"→"Export Screen As"命令，则能把当前截图保存为 jpg 格式的文件，方便日后分析或导出，如图 3—174 所示。

也可选择"File"→"Export Trace As"命令，以轨迹形式保存当前测量结果，便于日后进一步的频谱分析。

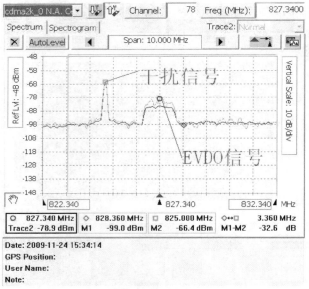

图 3—173　自动调整窗口

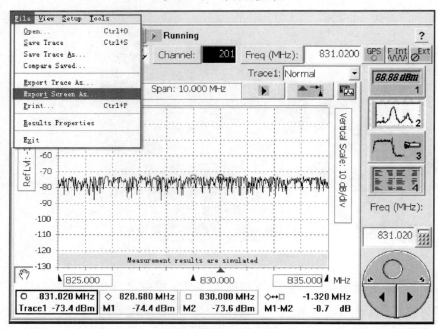

图 3—174　截屏保存

6. 用于空中接口测试

（1）连接。图 3—175 中"射频输入"即 RF INPUT 端子，"偶秒时钟输入"即 TIMING INPUT 端子（可以不连接），"外时钟输入"即 FREQUENCY　REFERENCE

INPUT 端子。另外，还需将 RS232 端子和 USB 端子连接在一起，用来给 GPS 模块供电和传送数据，如图3—176 和3—177 所示。

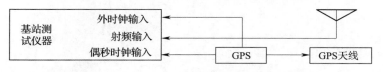

图 3—175　空口测试连线

图 3—176　天线和 GPS

图 3—177　扫频仪接口

为了确保测量数据的准确和仪表工作稳定，应手持八木天线在30 ~50 m 范围内指向被测基站扇区天线，如图3—178 所示。

（2）测试的主要内容和注意事项。一是 RF 测试，如频率误差、占用带宽、小区呼吸效应等；二是码域功率测试，如相对导频道同步与寻呼信道功率、扇区利用率、数据连接、干扰等。

在做空中接口测试时要注意：

1）RF 绝对功率与导频功率的关系。

图 3—178 测试距离

2）测量波形质量指标（Rho、EVM、载频馈通、峰均比）时，需考虑其他扇区的干扰、外部干扰或被测扇区功率过低等因素。

3）Tau 值（即导频误差）是 PN 码与 GPS 偶秒时钟的时差，由于 GPS 无法抵消空中测试地点与被测基站扇区间的时差（1 μs =166 码片），所以空间测试 Tau 值无意义。

（3）初始设置

1）选择被测基站的制式，如"cdma2k_ON. A. Cellular"，如图 3—179 所示。

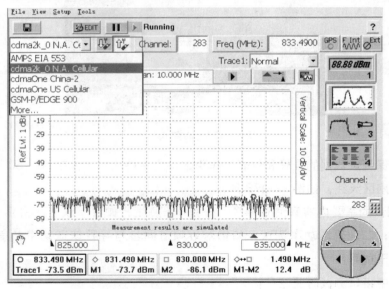

图 3—179 制式选择

2) 单击 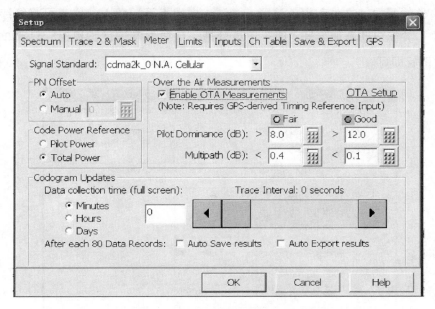 按钮,选择"Meter"选项卡,将 OTA 开启,如图 3—180 所示。

图 3—180　参数设置

3) 设置 PN 等级和码谱更新率,如图 3—181 所示。

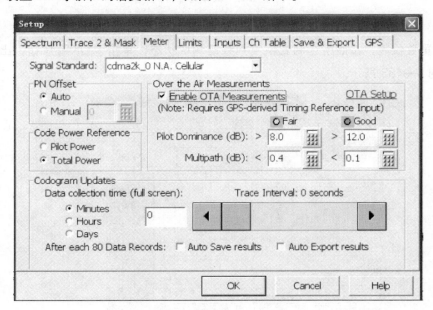

图 3—181　参数设置

4）设置存储文件属性。如图3—182所示，选择"Save & Export"选项卡，将存储结果文件的属性（文件前缀、注释、测试人、地点等）填入，仪表可将经纬度记录在结果中，并能自动添加编号，便于记录管理。需要保存测试结果时，只需单击屏幕上的 🖫 图标即可。

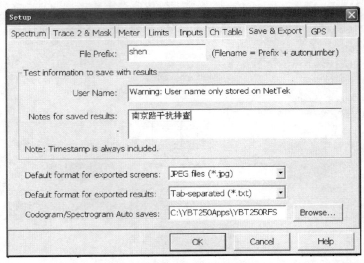

图3—182　保存文件格式

（4）操作步骤

1）重置仪表，按照所选制式恢复到频谱测试状态，单击"OK"按钮，出现频谱图，如图3—183所示。

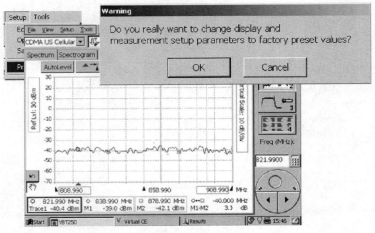

图3—183　重置仪表

2）选择"GPS"选项卡，查看 GPS 状态，GPS 接收机需选择"Tek GPS Timing Ref"选项，如图 3—184 所示。

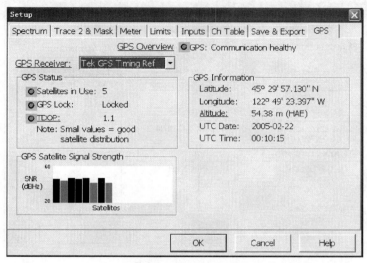

图 3—184　GPS 设置

条状图显示检测卫星信号的信噪比，锁定灯（GPS Lock）为绿色即可测试。

3）单击 按钮，进入单项指标测试界面，如图 3—185 所示。图中为 CDMA 发信机频率误差。

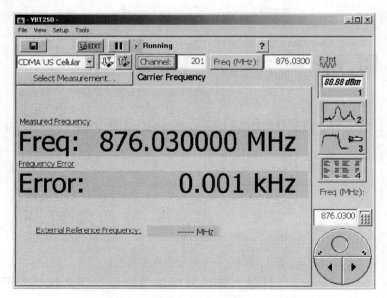

图 3—185　单项指标测试界面（1）

4）单击 Select Measurement... 按钮，进入单项指标选择界面，如图3—186 所示。

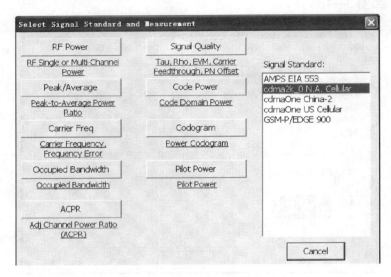

图3—186 单项指标测试界面（2）

5）单击 RF Power 按钮，选择射频功率测量，如图3—187 所示。

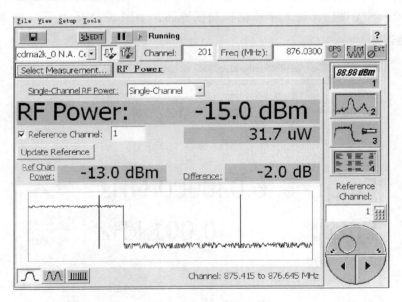

图3—187 单项指标测试界面（3）

6）单击 Peak/Average 按钮，选择测峰值与平均功率之比，如图3—188 所示。

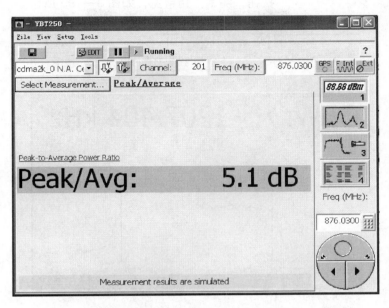

图 3—188　单项指标测试界面（4）

7）单击　　Carrier Freq　　按钮，选择测载频误差，如图 3—189 所示。

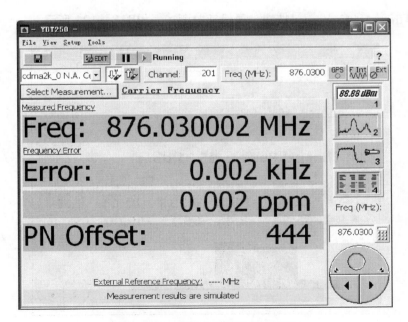

图 3—189　单项指标测试界面（5）

8）单击 Occupied Bandwidth 按钮，测试占用带宽，如图3—190 所示。

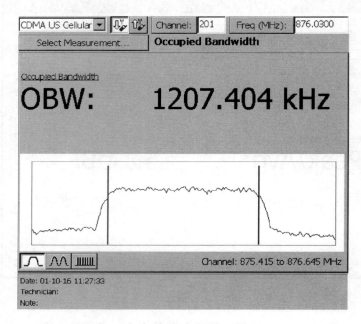

图 3—190　单项指标测试界面（6）

9）单击 ACPR 按钮，显示杂散测试，如图 3—191 所示。

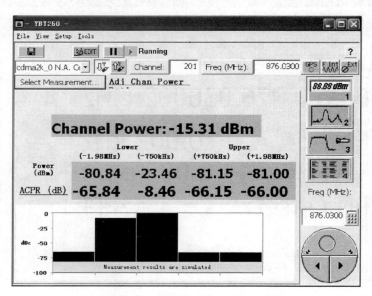

图 3—191　单项指标测试界面（7）

10）单击 [Signal Quality] 按钮，测试信号质量，包括 Rho 值（波形质量）、EVM 指标（矢量幅度误差）、CFt（载频回馈）、Tua 值（空间测试 Tau 值无意义），如图 3—192 所示。

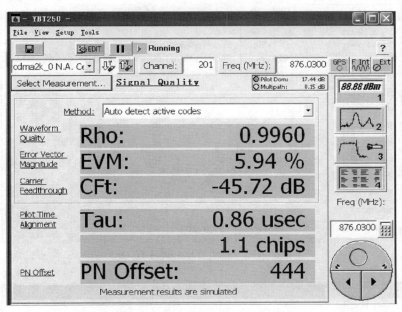

图 3—192　单项指标测试界面（8）

其中 [Pilot Dom: 17.44 dB / Multipath: 0.15 dB] 为导频主导及多径指示。

11）单击 [Code Power] 按钮，测试码域功率，如图 3—193 所示。

12）单击 [Codogram] 按钮，测试码域频谱，如图 3—194 所示。

13）单击 [Pilot Power] 按钮，测试导频功率，如图 3—195 所示。

14）单击 [图标] 按钮后，再单击 [Scan] 按钮，可进行 PN 扫描，如图 3—196 所示。

选择 ⊙ Power (Ec) 单选按钮，按 PN 强度排序；选择 ⊙ PN Offset 单选按钮，按 PN 号排序。屏幕上显示 10 个最强 PN、Tau（导频误差），Ec/lo 以及每一个 PN 的 Ec。

7. 后台处理和分析软件的使用

YBT250 仪表随机配送 YBT250 PC 软件，可用在 PC 机上进行回放测试结果和学习仪表操作。

（1）安装，单击 [图标] YBT250PC_setup_v1-613.exe 安装文件，然后按提示操作即可。

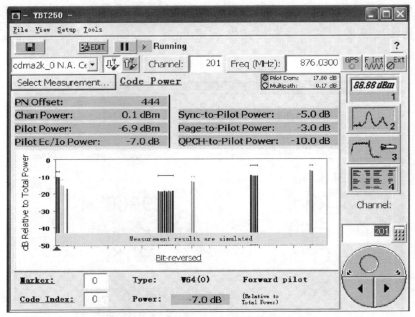

图3—193 单项指标测试界面（9）

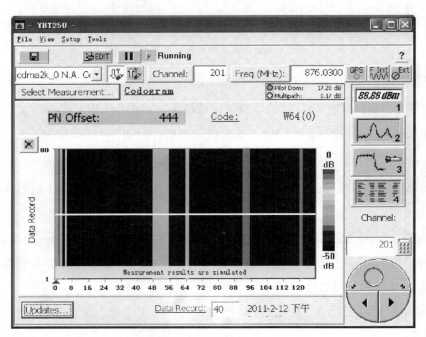

图3—194 单项指标测试界面（10）

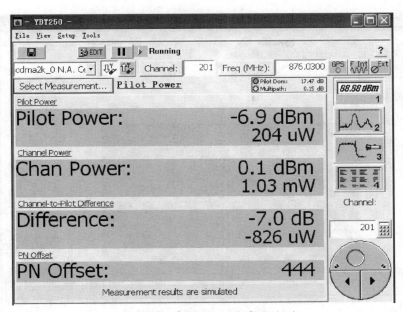

图3—195 单项指标测试界面（11）

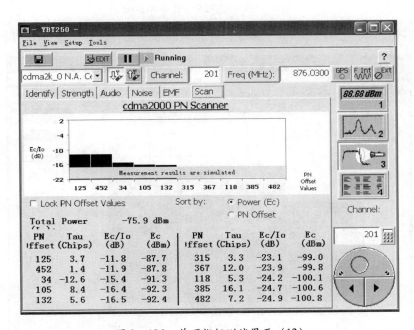

图3—196 单项指标测试界面（12）

（2）测量结果回放

1）运行 YBT250 PC 软件后，出现如图3—197 所示界面。

241

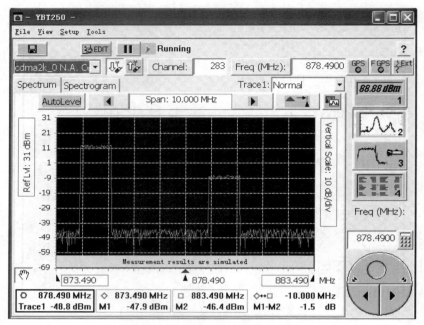

图 3—197　YBT250 PC 软件界面

2）选择"File"→"Open"命令，打开需回放的文件，如图 3—198 所示。

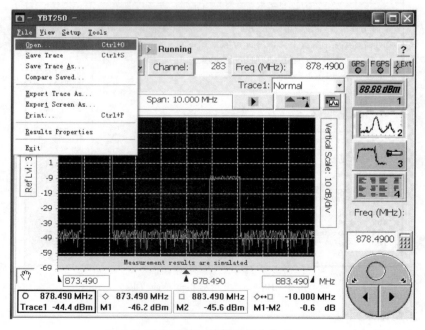

图 3—198　选择回放文件

3.6.2 安捷伦频谱仪操作指导

1. 测试基本工具

（1）安捷伦手持式频谱仪 N9340B 最基本的测试频率范围为 100 kHz ~ 3 000 MHz，适用于 CDMA 应用的主要频段：450 MHz、800 MHz 及 1 900 MHz。其应用于 EVDO 频段扫描和邻频干扰测试分析时的基本配置清单见表 3—11。

表 3—11　　　　　　　　　　　　测试工具清单

序号	测试工具	数量
1	N9340B 主机	1
2	测试天线	1
3	数据电缆	1
4	笔记本电脑或其他 PC	1

（2）N9340B 频谱仪外观（见图 3—199）。

图 3—199　安捷伦手持式频谱仪

（3）N9340B 前面板的按键分布（见图 3—200）。

2. 测试与分析软件

手持频谱仪 N9340B 主机软件，最新的版本为 N9340B Firmware Upgrade Version A. 01. 02。

3. 现场测试操作

以测量 CDMA 上行频段为例，步骤说明如下。

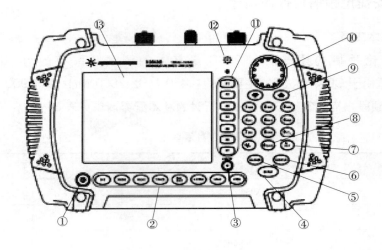

图 3—200　安捷伦手持式频谱仪按键

1—Power switch　2—Function keys　3—Preset　4—Enter　5—ESC/CLR

6—MARKER　7—LIMIT　8—Save　9—Arrow keys

10—Knob　11—Softkeys　12—Speaker　13—Screen

（1）设置频率扫描宽度

1）按 N9340B 前面板功能键②中的"FREQ"键。

2）按 N9340B 前面板软按键③中的"起始频率"键，然后输入 825 MHz。

3）按 N9340B 前面板软按键③中的"终止频率"键，然后输入 835 MHz。

（2）设置衰减为 0 dB 及打开预防

1）按 N9340B 前面板功能键②中的"AMPTD"键。

2）按 N9340B 前面板软按键③中的"衰减"键，然后输入 0 dB。

3）按 N9340B 前面板软按键③中的"预防"键，然后设置为"ON"。

（3）设置 RBW

1）按 N9340B 前面板功能键②中的"BW/SWP"键。

2）按 N9340B 前面板软按键③中的"分辨率带宽"键，设置为"手动"；然后输入 1 kHz。

（4）设置检波方式

1）按 N9340B 前面板功能键②中的"TRACE"键。

2）按 N9340B 前面板软按键③中的"检波"键，检波设置为平均方式。

（5）设置 Marker 测量信号的大小

1）按 N9340B 前面板功能键⑤"Marker"键。

2）可用峰值搜索找到最大的信号。

（6）测试结果保存

1）按 N9340B 前面板功能键②中的"SYS"键，在"文件"菜单下，将文件类型选为"保存屏幕"（＊．jpg），文件路径选择"本地"。

2）按"SAV"键，循环按数字键盘，输入需要的字符命名结果文件，按"ENTER"键保存结果，以便在 PC 上进行后处理分析。

4．后台软件操作

将 U 盘插到 N9340B 频谱仪上，按 N9340B 前面板功能键②中的"SYS"键，在"文件"菜单下选择"拷贝文件"，文件会自动保存到 U 盘。复制到 PC 机上打开＊．jpg的图片可进行后分析。

3.6.3　天馈测试仪的原理及使用

Site Master 为手持式 SWR/RL（驻波比/回波损耗）和故障点定位的测量仪器。它包含一个内置的合成信号源。所有型号都包括输入数据用的按键，以及在所选频率范围或距离内，显示 SWR/RL 图形的液晶显示屏。现场可更换的电池，在完全充电后，可供 Site Master 持续工作达 2.5 h。它也可以由 12.5 V 的直流电源供电。内置的能量保护电路可延长电池工作时间超过一个 8 h 工作日。

Site Master 是专门为测量天线系统的 SWR、RL、电缆插入损耗和故障点定位而设计的。功率监测功能为选件。Site Master 的 S114C 和 S332C 型还具有频谱分析的功能，所显示的曲线可利用标记线（Marker）或限制线来测定读出。可在菜单中选定，在测量数据超过限制线值时，是否发出蜂鸣声。为了使用户可以在光线弱的情况下使用该仪器，使用前面板按键，可以开关 LCD 背景灯。

1．频域特性测试原理

不论是什么样的射频馈线都有一定反射波产生，另外还有一定的损耗，频域特性的测量原理是：仪表按操作者输入的频率范围，从低端向高端发送射频信号，之后计算每一个频点的回波，将总回波与发射信号比较来计算 VSWR 值。

2．DTF 的测试原理

仪表发送某一频率的信号，当遇到故障点时，产生反射信号，到达仪表接口时，仪表依据回程时间 X 和传输速率来计算故障点，并同时计算 SWR。所以 DTF 的测试与两个因素有关：PROP V——传输速率，LOSS——电缆损耗。

3.6.4 Site Master S331 测试仪使用

Site Master S331 测试仪操作面板如图 3—201 所示。

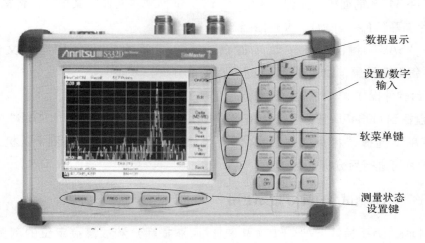

图 3—201 Site Master S331 测试仪操作面板图

操作的步骤如下。

1. 选择测试天线的频率范围

（1）按"ON"键，打开 Site Master。

（2）按"FREQ"软键，然后按"F1"软键。输入天线系统的下限（"Lower"）频率 MHz 值，按"ENTER"键。

（3）再按"F2"软键。输入天线系统的上限（"Higher"）频率 MHz 值，按"ENTER"键。在显示区域显示新的频率数值范围 FREQ scale。检查是否与输入的频率范围一致。

（4）按"ESCAPE"键回到主菜单。

2. 测试仪表较准

（1）按"START CAL"键。屏幕上出现提示，这时将自动校准器连到测试端口（RF Out），然后按"ENTER"键。

（2）大约 1 min 左右，若校准通过，则在屏幕左上角提示"校准有效！"，否则屏幕上不断提示"连接'短路器'到信号输出端"。

（3）校准完毕后，从测试端口取下自动校准器。

3. 选择测量模式

用 ⌃⌄ 键选择"频率—驻波比、回波损耗、电缆损耗—单端口、故障定位—驻波比、回波损耗",选择完成后按"ENTER"键确认。

4. 驻波比(SWR)测试

(1) 将被测天馈线接到测试端口。

(2) 按"AUTO SCALE"键开始测量。

(3) 按"MARKER"键,在测量波形上标记需要读数的位置。

(4) 从屏幕下方即可读到各标记位置对应驻波比的数值及频率。

(5) 按"SAVE DISPLAY"键,输入曲线文件名后按"ENTER"键,保存测量结果。

(6) 若需要可按"RECALL DISPLAY"键回放以前的测试曲线。

5. DTF(故障点定位)测试

(1) 按"MODE"键,选择"故障定位—驻波比"项,按"ENTER"键确认。

(2) 按"D1"软键输入被测馈线的起点(一般为0),按"ENTER"键确认。

(3) 按"D2"软键输入被测馈线的终点(通常是天线系统的总长或大于总长),按"ENTER"键确认。

(4) 按"AUTO SCALE"键开始测量。

(5) 按"MARKER"键,在测量波形上标记需要读数的位置。

(6) 从屏幕下方即可读到各标记位置对应驻波比的数值及距离。

(7) 按"SAVE DISPLAY"键,输入曲线文件名后按"ENTER"键,保存测量结果。

(8) 若需要可按"RECALL DISPLAY"键回放以前的测试曲线。

3.7 指北针使用方法

1. 用途

指北针(见图3—202)用于测定现地东南西北方向、标定地图方位、测定目标物的磁方位角。

2. 天线方位角的测量

(1) 打开罗盘,如图3—203所示。

(2) 调整刻度盘,使南、北标识归位(即将刻度盘指示标北"△"对准盘座"▽")。

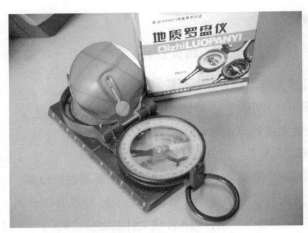

图 3—202　指北针

图 3—203　方位测量

（3）将罗盘保持水平。

（4）找到被测天线，使反光镜对准板状天线平面。

（5）观察磁针北端（白色）所对准的刻度（外圈），即为该天线的方位角。

3.8　经纬仪

3.8.1　经纬仪的分类

经纬仪根据度盘刻度和读数方式的不同，分为游标经纬仪、光学经纬仪和电子经纬仪。目前我国主要使用光学经纬仪和电子经纬仪，游标经纬仪早已淘汰。

光学经纬仪的水平度盘和竖直度盘用玻璃制成，在度盘平面的边缘刻有等间隔的分划线，两相邻分划线间距所对的圆心角称为度盘的格值，又称度盘的最小分格值。

1．以格值的大小确定精度分类

一般以格值的大小确定精度，分为：DJ6 度盘格值为 $1°$，DJ2 度盘格值为 $20'$，DJ1（T3）度盘格值为 $4'$（D，J 分别为大地和经纬仪的首字母）。

2．按精度分类

按精度从高精度到低精度分为：DJ07，DJ1，DJ2，DJ6，DJ30 等。

经纬仪是测量任务中用于测量角度的精密测量仪器，可以用于测量角度、工程放样以及粗略的距离，通信铁塔的垂直度测取。整套仪器由仪器、脚架两部分组成。

3.8.2 构造、用途和工作原理

经纬仪的构造如图 3—204 所示。

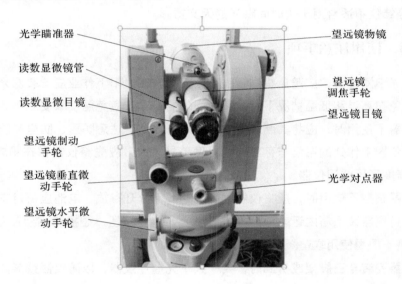

图 3—204 经纬仪构造

经纬仪是测量工作中的主要测角仪器。由望远镜、水平度盘、竖直度盘、水准器、基座等组成。测量时，将经纬仪安置在三脚架上，用垂球或光学对点器将仪器中心对准地面测站点上，用水准器将仪器定平，用望远镜瞄准测量目标，用水平度盘和竖直度盘测定水平角和竖直角。经纬仪按精度可分为精密经纬仪和普通经纬仪；按读数设备可分为光学经纬仪和游标经纬仪；按轴系构造分为复测经纬仪和方向经纬仪。此外，有可自动按编码穿孔记录度盘读数的编码度盘经纬仪；可连续自动瞄准空中目标的自

动跟踪经纬仪；利用陀螺定向原理迅速独立测定地面点方位的陀螺经纬仪和激光经纬仪；具有经纬仪、子午仪和天顶仪 3 种作用的供天文观测的全能经纬仪；将摄影机与经纬仪结合一起供地面摄影测量用的摄影经纬仪等。

经纬仪是测量水平角和竖直角的仪器，是由英国机械师西森（Sisson）于 1730 年首先研制的，后经改进成型，正式用于英国大地测量中。1904 年，德国开始生产玻璃度盘经纬仪。随着电子技术的发展，20 世纪 60 年代出现了电子经纬仪。在此基础上，70 年代制成电子速测仪。

经纬仪是望远镜的机械部分，使望远镜能指向不同方向。经纬仪具有两条互相垂直的转轴，以调校望远镜的方位角及水平高度。此类架台结构简单，成本较低，主要配合地面望远镜（大地测量、观鸟等用途）使用。若用来观察天体，由于天体的日周运动方向通常不与地平线垂直或平行，因此需要同时转动两轴并随时间变换转速才能追踪天体，不过视场中其他天体会相对于目标天体旋转，除非加上抵消视场旋转的机构，否则经纬仪不适合用于长时间曝光的天文摄影。

3.8.3　使用注意事项

1．阳光下测量时，应避免将物镜瞄准太阳。若在太阳下作业应安装滤光器。

2．避免在高温和低温情况下存放和使用仪器，亦应避免温度骤变。

3．仪器不使用时，应将其装入箱内，置于干燥处，注意防震、防尘和防潮。

4．若仪器工作处的温度与存放处的温度差异太大，应先将仪器留在箱内，直到它适应环境温度后再使用仪器。

5．仪器长期不使用时，应将仪器上的电池卸下分开存放，电池应每月充电一次。

6．应将仪器装于箱内运输，运输时应小心，避免挤压、碰撞和剧烈震动，长途运输最好在箱子周围使用软垫。

7．仪器安装至三脚架或拆卸时，要一只手先握住仪器，以防仪器跌落。

8．外露光学件需要清洁时，应用脱脂棉或镜头纸轻轻擦净，不可用其他物品擦拭。

9．不可用化学试剂擦拭塑料部件及有机玻璃表面，可用浸水的软布擦拭。

10．仪器使用完毕后，用绒布或毛刷清除仪器表面灰尘；仪器被雨水淋湿后，切勿通电开机，应及时用干净软布擦干并在通风处放一段时间。

11．作业前应仔细全面检查仪器，确定仪器各项指标、功能、电源、初始设置和改正参数均符合要求。

12．发现仪器功能异常，非专业维修人员不可擅自拆开仪器，以免发生不必要的损坏。

13. 当激光亮起时，不要用眼睛直视激光光源，以免伤害人的眼睛。

3.8.4 实际应用

以单管塔垂直度测试为例，步骤为以下几点。

步骤一：选择最佳测试垂直度的地点。选定的地址应在单管塔三角的任意两角连接线的延长线上，且塔身要全部都在经纬仪的视野内。

步骤二：架设经纬仪。三角架的高度调整至适合测试者身高，将经纬仪放置在架头上，使架头大致水平，旋紧连接螺旋。

步骤三：粗调经纬仪水平。将水准管平行于两定螺旋，旋动定螺旋，调整水准管至水平位置。

步骤四：细调经纬仪平面。平转90°，用第三螺旋整平水准管。

步骤五：焦距的调节。转动目镜，将分划板十字线调清楚。转动望远镜调焦手轮，使目标影像清晰，再用十字线，精确瞄准目标。

步骤六：测量沿边读数。

（1）将光学经纬仪十字准心调至与单管塔底左沿边重合，将水平及垂直移动锁定。通过读数显微目镜对该点进行读数并记录。

（2）将水平解锁，垂直继续锁定，将十字准心调至与单管塔底右沿边重合，锁定水平，读数并记录。

（3）将水平和垂直解锁，将十字准心调至塔顶左沿边重合，将水平及垂直移动锁定，读数并记录数据。

（4）将水平解锁，将十字准心调至塔顶右沿边重合，锁定水平，读数并记录数据。

步骤七：根据公式得出垂直度，如图3—205和图3—206所示。

步骤八：根据下述方法测出另外一面的垂直度。

（1）计算方法如图3—207示意图所示

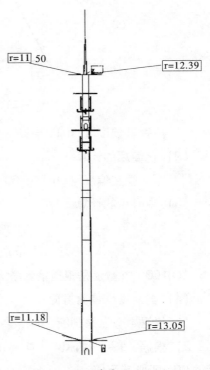

图3—205 单管塔测试（1）

图 3—206　单管塔测试（2）

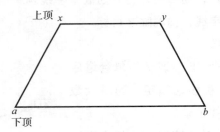

图 3—207　单管塔垂直度计算示意图

垂直偏度（cm）＝$60 \div (y-x) \times |(x-a)-(b-y)| \div 2$

（2）化简后的计算

垂直偏度（cm）＝$60 \div (y-x) \times [(a-x+b-y) \div 2]$

（3）中心点的计算

上顶：$z=(x+y) \div 2$

下顶：$c=(a+b) \div 2$

其中 60 cm 数值是根据单管塔塔顶直径而定的，大多数塔顶直径为 60cm 或 80cm。

（4）判断铁塔偏离方向

1）根据中心点来判断。

2）根据 $|a-x|$ 的值与 $|b-y|$ 的值对比大小，塔偏离值小的一边。$|a-x|$ 表示绝对值，即取其正值。

3.9 坡度计及测距仪的使用

3.9.1 坡度计的用途及分类

1．坡度计的用途

坡度计用于测量天线的机械倾角和抱杆的垂直度。

2．坡度计的分类

（1）机械式坡度计（见图3—208）

图 3—208 机械式坡度计

（2）电子式坡度计（见图3—209）

图 3—209 电子式坡度计

3.9.2　测距仪的用途

测距仪（见图3—210）用于测量天线的挂高和铁塔（或建筑物）的高度。

图 3—210　测距仪

使用时应仔细阅读说明书，如图3—210所示SONIN COMBO PRO超声波测距仪单机测量范围是0~15 m，测量大于15 m的距离时必须用双机。

3.10　动力仪表

电气测量仪表种类繁多，下面介绍几种常用的仪表。

3.10.1　万用表

万用表（见图3—211）又叫多用表、三用表、复用表，是一种多功能、多量程的测量仪表，一般万用表可测量直流电流、直流电压、交流电压、电阻和音频电平等，有的还可以测交流电流、电容量、电感量及半导体的一些参数（如β）。

1.　万用表的结构及原理（500型）

万用表由表头、测量电路及转换开关3个主要部分组成。

图 3—211　指针式万用表

（1）表头。它是一只高灵敏度的磁电式直流电流表。万用表的主要性能指标基本上取决于表头的性能。表头的灵敏度是指表头指针满刻度偏转时流过表头的直流电流值，这个值越小，表头的灵敏度越高。测电压时的内阻越大，其性能就越好。表头上有四条刻度线，它们的功能如下：第一条（从上到下）标有 R 或 Ω，表示的是电阻值，转换开关在欧姆挡时，即读此条刻度线。第二条标有 ⌣ 和 VA，表示的是交、直流电压和直流电流值，当转换开关在交、直流电压或直流电流挡，量程在除交流 10 V 以外的其他位置时，即读此条刻度线。第三条标有 10 V，表示的是 10 V 的交流电压值，当转换开关在交、直流电压挡，量程在交流 10 V 时，即读此条刻度线。第四条标有 dB，表示的是音频电平。

（2）测量电路。测量电路是用来把各种被测量转换到适合表头测量的微小直流电流的电路，它由电阻、半导体元件及电池组成。

它能将各种不同的被测量（如电流、电压、电阻等）、不同的量程，经过一系列的处理（如整流、分流、分压等）统一变成一定量限的微小直流电流送入表头进行测量。

（3）转换开关。其作用是用来选择各种不同的测量线路，以满足不同种类和不同量程的测量要求。转换开关一般有两个，分别标有不同的挡位和量程。

2．符号含义

（1）⌣ 表示交直流。

（2）V –2.5 kV 4 000 Ω/V 表示对于交流电压及 2.5 kV 的直流电压挡，其灵敏度为 4 000 Ω/V。

（3）A –V –Ω 表示可测量电流、电压及电阻。

（4）45 –65 –1 000 Hz 表示使用频率范围为 1 000 Hz 以下，标准工频范围为 45 ~65 Hz。

（5）2 000 Ω/V DC 表示直流挡的灵敏度为 2 000 Ω/V。

3．万用表的使用

（1）熟悉表盘上各符号的意义及各个旋钮和选择开关的主要作用。

（2）进行机械调零。

（3）根据被测量的种类及大小，选择转换开关的挡位及量程，找出对应的刻度线。

（4）选择表笔插孔的位置。

（5）测量电压。测量电压（或电流）时要选择好量程，如果用小量程去测量大电压，则会有烧表的危险；如果用大量程去测量小电压，那么指针偏转太小，无法读数。量程的选择应尽量使指针偏转到满刻度的 2/3 左右。如果事先不清楚被测电压的大小时，应先选择最高量程挡，然后逐渐减小到合适的量程。

1）交流电压的测量。将万用表的一个转换开关置于交、直流电压挡，另一个转换开关置于交流电压的合适量程上，万用表两表笔和被测电路或负载并联即可。

2）直流电压的测量。将万用表的一个转换开关置于交、直流电压挡，另一个转换开关置于直流电压的合适量程上，且"＋"表笔（红表笔）接到高电位处，"－"表笔（黑表笔）接到低电位处，即让电流从"＋"表笔流入，从"－"表笔流出。若表笔接反，表头指针会反方向偏转，容易撞弯指针。

（6）测电流。测量直流电流时，将万用表的一个转换开关置于直流电流挡，另一个转换开关置于 50 μA 到 500 mA 的合适量程上，电流的量程选择和读数方法与电压一样。测量时必须先断开电路，然后按照电流从"＋"到"－"的方向，将万用表串联到被测电路中，即电流从红表笔流入，从黑表笔流出。如果误将万用表与负载并联，则因表头的内阻很小，会造成短路烧毁仪表。其读数方法如下：

$$实际值 = 指示值 \times 量程 \div 满偏$$

（7）测电阻。用万用表测量电阻时，应按下列方法操作：

1）选择合适的倍率挡。万用表欧姆挡的刻度线是不均匀的，所以倍率挡的选择应使指针停留在刻度线较稀的部分为宜，且指针越接近刻度尺的中间，读数越准确。一般情况下，应使指针指在刻度尺的 1/3 ~2/3 之间。

2）欧姆调零。测量电阻之前，应将两个表笔短接，同时调节"欧姆（电气）调零旋钮"，使指针刚好指在欧姆刻度线右边的零位。如果指针不能调到零位，说明电池电压不足或仪表内部有问题。并且每换一次倍率挡，都要再次进行欧姆调零，以保证测量准确。

3）读数。表头的读数乘以倍率，就是所测电阻的电阻值。

（8）注意事项

1）在测电流、电压时，不能带电换量程。

2）选择量程时，要先选大的，后选小的，尽量使被测值接近于量程。

3）测电阻时，不能带电测量。因为测量电阻时，万用表由内部电池供电，如果带电测量则相当于接入一个额外的电源，可能损坏表头。

4）用毕，应使转换开关在交流电压最大挡位或空挡上。

4. 数字万用表

现在，数字式测量仪表（见图 3—212）已成为主流，有取代模拟式仪表的趋势。与模拟式仪表相比，数字式仪表灵敏度高，准确度高，显示清晰，过载能力强，便于携带，使用更简单。下面简单介绍其使用方法和注意事项。

（1）使用方法

1）使用前，应认真阅读有关的使用说明书，熟悉电源开关、量程开关、插孔、特殊插口的作用。

2）将电源开关置于"ON"位置。

3）电压的测量

①直流电压的测量，如电池、随身听电源等。首先将黑表笔插进"com"孔，红表笔插进"VΩ"孔。把旋钮旋到比估计值大的量程（注意：表盘上的数值均为最大量程，"V̱"表示直流电压挡，"Ṽ"表示交流电压挡，"A"表示电流挡），接着把表笔接电源或电池两端，保持接触稳定。数值可以直接从显示屏上

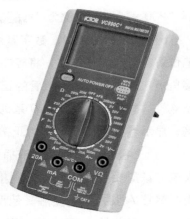

图3—212 数字式万用表

读取，若显示为"1."，则表明量程太小，那么就要加大量程后再测量该电压。如果在数值左边出现"－"，则表明表笔极性与实际电源极性相反，此时红表笔接的是负极。

②交流电压的测量。表笔插孔与直流电压的测量一样，不过应该将旋钮旋到交流挡"Ṽ"处所需的量程即可。交流电压无正负之分，测量方法跟前面相同。无论测交流还是直流电压，都要注意人身安全，不要随便用手触摸表笔的金属部分。

4）电流的测量

①直流电流的测量。先将黑表笔插入"COM"孔。若测量大于200 mA的电流，则要将红表笔插入"10 A"插孔并将旋钮旋到直流"10 A"挡；若测量小于200 mA的电流，则将红表笔插入"200 mA"插孔，将旋钮旋到直流200 mA以内的合适量程。调整好后，就可以测量了。将万用表串联进电路中，保持稳定，即可读数。若显示为"1."，那么就要加大量程；如果在数值左边出现"－"，则表明电流从黑表笔流进万用表。

②交流电流的测量。测量方法与直流电流测量相同，不过挡位应该打到交流挡位，电流测量完毕后应将红笔插回"VΩ"孔，若忘记这一步而直接测电压，会导致表或电源报废。

5）电阻的测量。将表笔插进"COM"和"VΩ"孔中，把旋钮旋到"Ω"中所需的量程，用表笔接在电阻两端金属部位，测量中可以用手接触电阻，但不要把手同时接触电阻两端，这样会影响测量精确度——人体是电阻很大但有限大的导体。读数时，

要保持表笔和电阻有良好的接触。注意单位：在"200"挡时单位是"Ω"，在"2 k"到"200 k"挡时单位为"kΩ"，"2 M"以上的单位是"MΩ"。

6）二极管的测量。数字万用表可以测量发光二极管，整流二极管等。测量时，表笔位置与电压测量一样，将旋钮旋到"⇥"挡。用红表笔接二极管的正极，黑表笔接负极，这时会显示二极管的正向压降。肖特基二极管的压降是 0.2 V 左右，普通硅整流管（1N4000、1N5400 系列等）约为 0.7 V，发光二极管为 1.8~2.3 V。调换表笔，显示屏显示"1."则为正常，因为二极管的反向电阻很大，否则此管已被击穿。

7）三极管的测量。表笔插位同上，其原理同二极管。先假定 A 脚为基极，用黑表笔与该脚相接，红表笔分别接触其他两脚；若两次读数均为 0.7 V 左右，然后再用红笔接 A 脚，黑笔接触其他两脚，若均显示"1."，则 A 脚为基极，否则需要重新测量，且此管为 PNP 管。那么集电极和发射极如何判断呢？数字表不能像指针表那样利用指针摆幅来判断，可以利用"h_{FE}"挡来判断：先将挡位旋到"h_{FE}"挡，可以看到挡位旁有一排小插孔，分为 PNP 和 NPN 管的测量。前面已经判断出管型，将基极插入对应管型"b"孔，其余两脚分别插入"c""e"孔，此时可以读取数值，即 β 值；再固定基极，其余两脚对调；比较两次读数，读数较大的管脚位置与表面"c""e"相对应。

小技巧：上法只能直接对如 9000 系列的小型管测量，若要测量大管，可以采用接线法，即用小导线将三个管脚引出。

8）MOS 场效应管的测量。N 沟道的有国产的 3D01、4D01，日产的 3SK 系列。G 极（栅极）的确定：利用万用表的二极管挡。若某脚与其他两脚间的正反压降均大于 2 V，即显示"1."，此脚即为栅极 G。再交换表笔测量其余两脚，压降小的那次测试中，黑表笔接的是 D 极（漏极），红表笔接的是 S 极（源极）。

（2）使用注意事项

1）如果无法预先估计被测电压或电流的大小，则应先拨至最高量程挡测量一次，再视情况逐渐把量程减小到合适位置。测量完毕，应将量程开关拨到最高电压挡，并关闭电源。

2）满量程时，仪表仅在最高位显示数字"1"，其他位均消失，这时应选择更高的量程。

3）测量电压时，应将数字万用表与被测电路并联，测电流时应与被测电路串联，测直流量时不必考虑正、负极性。

4）当误用交流电压挡去测量直流电压，或者误用直流电压挡去测量交流电压时，显示屏将显示"000",或低位上的数字出现跳动。

5)禁止在测量高电压（220 V以上）或大电流（0.5 A以上）时换量程，以防止产生电弧，烧毁开关触点。

6)当显示"BATT"或"LOW BAT"时，表示电池电压低于工作电压，需要更换。

3.10.2 钳形表

钳形表（见图3—213）是一种用于测量正在运行的电气线路的电流大小的仪表，可在不断电的情况下测量电流。

1.结构及原理

钳形表实质上是由一只电流互感器、钳形扳手和一只整流式磁电系有反作用力仪表所组成。

2.使用方法

（1）测量前要机械调零。

（2）选择合适的量程，先选大量程，后选小量程或看铭牌值估算。

（3）当使用最小量程测量，其读数还不明显时，可将被测导线绕几匝，匝数要以钳口中央的匝数为准，则读数=指示值×量程÷满偏÷匝数。

图3—213　数字式钳形表

（4）测量时，应使被测导线处在钳口的中央，并使钳口闭合紧密，以减少误差。

（5）测量完毕，要将转换开关放在"OFF"处。

3.注意事项

（1）被测线路的电压要低于钳形表的额定电压。

（2）测高压线路的电流时，要戴绝缘手套，穿绝缘鞋，站在绝缘垫上。

（3）钳口要闭合紧密，不能带电换量程。

3.10.3 地阻仪

地阻仪（见图3—214）是一种手持式的接地测量仪。仪器配备有测试所必需的附件，操作简单、直观。地阻仪用于接地电阻的测量，并在此基础上评价接地质量。

1. 结构及原理

本仪表配有两个钳口：电压钳和电流钳。

电压钳在被测回路中激励出一个感应电势 e，并在被测回路产生电流 i，仪表通过电流钳可以测得 i 值。通过对 e、i 的测量，得到其有效值 E、I，由欧姆定律：$R = E/I$，即可求得 R 的值。

图 3—214　数字式地阻仪

2. 使用方法

钳形接地电阻仪可以测量任何有回路系统的接地电阻，测量时不必使用辅助接地棒，也不需中断待测设备的接地。只要用钳头夹住接地线或接地棒就能安全、快速地测量出接地电阻。也可应用于多处并联接地系统。仪器的高灵敏度钳能测量泄漏电流 1 mA，而中线电流可达 20 A，此功能当待测接地网络中含有较大杂讯和谐波时尤为重要。

3. 注意事项

（1）存放保管本表时，应注意环境温度、湿度，应放在干燥通风的地方为宜，避免受潮，应防止酸碱及腐蚀气体。

（2）测量保护接地电阻时，一定要断开电气设备与电源连接点。在测量小于 1 Ω 的接地电阻时，应分别用专用导线连在接地体上，C2 在外侧 P2 在内侧。

（3）测量大型接地网接地电阻时，不能按一般接线方法测量，可参照电流表、电压表测量法中的规定选定埋插点。

（4）测量接地电阻时，最好反复在不同的方向测量 3~4 次，取其平均值。

（5）本仪表为交直流两用，不接交流电时，仪表使用电池供电，接入交流时，优先使用交流电。

（6）当表头左上角显示"←"时，表示电池电压不足，应更换新电池。仪表长期不用时，应将电池全部取出，以免锈蚀仪表。

3.10.4　红外测温仪

红外测温仪（见图3—215）的测温原理是将物体（如钢水）发射的红外线具有的辐射能转变成电信号，红外线辐射能的大小与物体（如钢水）本身的温度相对应，根据转变成的电信号的大小，可以确定物体（如钢水）的温度。

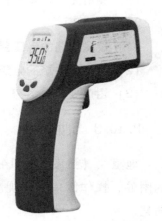

图 3—215　红外测温仪

1．结构及原理

红外测温仪由光学系统、光电探测器、信号放大器及信号处理、显示输出等部分组成。光学系统汇聚其视场内的目标红外辐射能量，视场的大小由测温仪的光学零件及其位置确定。红外能量聚焦在光电探测器上并转变为相应的电信号。该信号经过放大器和信号处理电路，并按照仪器内置的算法和目标发射率校正、环境温度补偿后转变为被测目标的温度值。

红外测温仪已被证实是检测和诊断电子设备故障的有效工具。可节省大量开支，用红外测温仪，可连续诊断电子连接问题，防止能源消耗；由于变松的连接器和组合会产生热，红外测温仪有助于识别回路中的故障；日常扫描热点可探测开裂的绕组和接线端子。

2．使用方法

将红外线测温仪红点对准要测的物体，按测温按钮，在测温仪的 LCD 上读出温度数据，保证安排好距离和光斑尺寸之比及视场。

3．注意事项

（1）必须准确确定被测物体的发射率。

（2）避免周围环境以及高温物体的影响。

（3）对于透明材料，环境温度应低于被测物体温度。

（4）测温仪要垂直对准被测物体表面，在任何情况下，角度都不能超过 30℃。

（5）不能应用于光亮的或抛光的金属表面的测温，不能透过玻璃进行测温。

（6）正确选择距离系数，目标直径必须充满视场。

（7）如果红外测温仪突然处于环境温度差为 20℃ 或更高的情况下，测量数据将不准确，应在温度平衡后再取其测量的温度值。